农业绿色发展丛书

# 浙西水稻病虫草害及绿色防控技术

贝雪芳　季卫东　毛正荣　李晓阳　等　编著

中国农业科学技术出版社

**图书在版编目（CIP）数据**

浙西水稻病虫草害及绿色防控技术 / 贝雪芳等编著 . --北京：中国农业科学技术出版社，2022.1
ISBN 978 - 7 - 5116 - 5633 - 9

Ⅰ.①浙…　Ⅱ.①贝…　Ⅲ.①水稻—病虫害防治—浙江　Ⅳ.① S435.11

中国版本图书馆 CIP 数据核字（2021）第 262029 号

责任编辑　金　迪
责任校对　李向荣
责任印制　姜义伟　王思文

出 版 者　中国农业科学技术出版社
　　　　　北京市中关村南大街 12 号　邮编：100081
电　　话　（010）82106625（编辑室）　（010）82109702（发行部）
　　　　　（010）82109709（读者服务部）
传　　真　（010）82109194
网　　址　http://www.castp.cn
经 销 者　各地新华书店
印 刷 者　北京建宏印刷有限公司
开　　本　148 mm×210 mm　1/32
印　　张　3.125
字　　数　84 千字
版　　次　2022 年 1 月第 1 版　2022 年 1 月第 1 次印刷
定　　价　48.00 元

# 《浙西水稻病虫草害及绿色防控技术》
## 编委会

# 前　言

习近平总书记多次指出"让农民用最好的技术种出最好的粮食"，粮食生产除了栽培、肥水管理技术外，病虫草害的防控技术尤其重要，是保证粮食产量和质量的重要措施，作为从事植保工作的技术工作者，如何在现代农业绿色发展的道路上，立足实践，总结完善植保技术，在保护农田生态环境的基础上，采用科学精准的方法有效控制农作物病虫草害的为害一直是我们追求的目标。

浙江省衢州市全年水稻种植面积在 90 万亩以上，年产量 45 万吨左右，水稻是衢州市农业的主导产业，为国家粮食安全做出了积极贡献。近年来，由于气候变化、种植结构调整等因素的影响，导致水稻病虫草害发生日趋复杂，特别是暴发性、灾害性病虫重发频率增加，加上水稻生产者文化素质偏低，对病虫草害的防控仍采取传统的化学防治为主，乱用、滥用化学农药，出现了农业生态破坏、水土污染加剧、病虫抗药性产生快、病虫控制难度加大、粮食生产和质量安全得不到保障等诸多问题。

为了有效破解上述一系列问题，衢州市广大植保工作者开始探索采取生态调控、生物防治、物理防治和科学用药等环境友好型措施控制水稻病虫草危害，并于 2012 年对关键技术进行立项研究，集成一套切合衢州实际、操作性强、高效简便、综合生态调控、生物防治、理化诱控和科学用药的水稻病虫草害绿色防控技术。在水稻绿色防控技术实际推广应用的过程中，我们发现迫切需要一本工具书，能够详细描述水稻主要病虫草害的症状、发生特点及相关的绿色防控技术等内容，以更好地指导基层农技人员和粮食生产主体开展粮食绿色生产活动。为此，组织有关植保专业技术人员开展了《浙西水稻病虫草害及绿色防控技术》一书的编写工作。

《浙西水稻病虫草害及绿色防控技术》共提供稻田主要病虫草害27种，其中病害11种、虫害8种、草害8种，分种阐述了衢州市水稻主要病虫草害的症状、为害状、发生条件及绿色防控措施，配以原图，在书的最后附加了 DB3308/T 051—2018《水稻病虫草害绿色防控技术规范》地方标准，可看可学、可操作性强，对于有效控制水稻病虫草的为害、减少化学农药的使用、保护农田生态具有一定的应用推广价值。本书可作为基层农技人员立足农业绿色发展和指导水稻生产实践的专业技术工具书，也可作为广大粮食生产主体提高水稻病虫草害防控水平和提高种粮效益的科普书。

由于编写时间、编者水平局限，书中存在不足在所难免，恳请广大读者批评指正。

本书中部分图片由浙江省植保检疫与农药管理总站许渭根高级农艺师和浙江大学环境与资源学院徐正浩老师提供，在此深表感谢。

编著者

2021 年 11 月 衢州

# 目　录

# 第一章　水稻主要病害

## 稻瘟病

【学名】 *Pyricularia oryzae* Cavara.

【病原】 水稻稻瘟病为真菌性病害，病原菌为稻梨孢菌，属半知菌亚门。

【为害】 衢州市水稻主要病害之一，水稻整个生育期都可发生。主要为害秧苗、叶片、叶枕、节、穗颈、枝梗和谷粒，分别称为苗瘟、叶瘟、叶枕瘟、节瘟、穗颈瘟、枝梗瘟和谷粒瘟。其中以叶瘟发生最为普遍，穗颈瘟为害最重。病害流行年份，一般减产10%～20%，严重的高达50%左右，局部田块甚至颗粒无收。

【症状】

**1. 苗瘟。**因秧苗受害时期不同，又分别为苗瘟和苗叶瘟。苗瘟是指发生在三叶期以前的幼苗上，多由种子带菌引起，先在幼芽或芽鞘上出现水渍状斑点，后幼苗基部变暗褐色，上部呈褐色枯死。苗叶瘟（图1-1）指发生在三叶期以后的叶片上，其症状与本田叶瘟相同。

图 1-1　苗叶瘟症状

**2. 叶瘟。**指本田成株期叶片发病。由于气候条件和水稻品种间抗病力不同，叶瘟病斑又可分为白点型、急性型、慢性型和褐点型四种。①白点型。斑点白色，圆形或近圆形，病健界限清楚，多在雨后突然转晴或稻田受旱情况下，发生在高度感病品种的幼嫩叶片上，表面不产生孢子。这种病斑很少发生，出现后如遇阴雨或高湿，可迅速转变为

图 1-2 慢性型叶瘟症状

急性型。②急性型。先出现水渍状小点，后迅速扩大成圆形、椭圆形或两端稍尖的暗绿色水渍状病斑，表面密生灰绿色霉层。这种病斑既无黄色中毒部，也无褐色坏死部，表明寄主（水稻）和气候条件均利于发病，是病害流行的前兆。如果天气转晴干燥或经药剂防治后，暗绿色病斑四周出现黄色或褐色部分，病情趋缓，病斑转化慢性型。③慢性型。这类病斑最为常见，典型病斑呈纺锤形，也有近圆形或长达 2～3 厘米的长方形（图 1-2）。病斑的最外围是黄色的中毒部，内层是褐色的坏死部，中央是灰白色的崩溃部，病斑内常有褐色的坏死线向两端延伸。这种病斑色泽变化的层次，表明病菌对寄主同化组织细胞逐步破坏的过程。病菌侵入含有叶绿体的薄壁细胞后分泌毒素，叶绿粒先膨软，继之和细胞核一起解体消失，使外围组织褪绿呈现黄色晕圈；随着细胞死亡，内含酚类物质溢出氧化呈现褐色，最后残留叶片组织细胞壁，使病斑中央呈灰白色。慢性病斑在天气潮湿时，背面也能产生灰绿色霉层。④褐点型。通常局限于两条叶脉间的褐色小点，坏死线和中毒部一般都不很明显，多发生在抗病品种或稻株下部的老叶上，表面不产生孢子。

**3. 叶枕瘟。**稻株的叶耳、叶舌很易感病，初呈暗绿色，后渐向整个叶枕部以及叶鞘、叶片基部扩展，形成淡褐色至灰褐色的不规

则形病斑（图 1-3），天气高湿时，病斑表面长有灰绿色霉状物，可导致剑叶早期枯死，由于稻穗紧贴叶枕抽出，也常引起穗颈瘟。

**4. 节瘟。**多在穗颈下第一、二节上发生。初生暗褐色小点，以后逐渐作环状扩展，使部分或整个节部变黑褐色，干缩凹陷，影响稻株营养和水分的输送，严重的病节断裂，造成上部枯死或白穗。病节部较易产生灰绿色霉层。

图 1-3　叶枕瘟症状

**5. 穗颈瘟和枝梗瘟。**发生在穗颈（图 1-4）、穗轴和枝梗上。病菌最易从穗颈节的苞叶、退化枝梗、退化颖以及枝梗分枝点侵入，初为水渍状暗褐色斑点，后渐呈环状和上下扩展，最后变成黑褐色，变色部可长达 2～3 厘米。早期侵害穗颈节的常造成"全白穗"（图 1-5），侵害穗轴的形成"半白穗"，局部枝梗被害的形成"阴阳穗"；穗颈瘟一般发生在出穗后，多自穗颈节处侵入，也有在远离穗颈的下方，包裹在剑叶叶鞘内的节间部分受侵染而形成白穗，高湿时，病部多长有灰绿色霉状物。发病迟或受害轻时，秕谷增加，千粒重降低，米质差。

图 1-4　穗颈瘟症状

图 1-5　"全白穗"症状

图 1-6　谷粒瘟症状

**6.谷粒瘟。**发生在谷壳和护颖上。谷壳受害，产生椭圆形或不规则形的褐色病斑，中央灰白色，严重的可延及整个谷粒；护颖感病后病斑初呈黄色，后变灰褐色或灰黑色，是第二年苗瘟的重要侵染来源（图 1-6）。

【发病因素】 稻瘟病的发生和发展，受水稻品种抗病性、栽培管理和气候条件等多种因素的影响，种植感病品种和适温、高湿天气条件是病害大流行的主要因素。品种抗性最为关键，水稻类型抗病性有差异，一般籼稻较粳、糯稻抗病，籼稻较抗侵入，粳稻较抗扩展；水稻品种对菌原抗性差异更大，不同区域，不同年度，不同品种抗性水平差异明显，同一品种的不同生育期，其抗病性也不一样，一般以四叶期、分蘖盛期和抽穗初期最易感病，圆秆拔节期比较抗病；适宜的温湿度等天气条件是发病流行主要因子，当气温在 20 ～ 30℃、田间湿度 90% 以上，稻株体表保持一层水膜的时间在 5 ～ 6 小时的情况下，菌原孢子最易萌发侵入，在旬平均温度为 24 ～ 28℃，其中有 24 小时的饱和湿度，感病品种就易暴发流行；栽培上偏氮、过量施肥等不科学施肥，造成植株偏嫩，披叶郁蔽，硅等微量元素缺乏，水平抗性降低，利于病害侵染发病和暴发流行。

【绿色防控技术】 农业防治和科学用药相结合，以选用抗病品种为关键，做好肥水管理、清除菌源为基础，药剂防控为辅助。

**1.农业防治。**①选用抗病良种。这是防治稻瘟病的最经济有效的措施，根据种植区域内病原生理小种的演变，不断更替轮换抗病品种，始终保持种植品种对菌原高抗水平。②清除菌原，降低初次侵染。播种前，对上年发病田的病草、病田等进行有效处理，发病田尽早翻耕沤田，病草沤肥，减少当年菌源量。③科学肥水管理，提高植株水平抗性。施足基肥，早施追肥，慎施穗肥。施肥按控氮、稳磷、增钾原则，并注意硅、镁、锌等施用，保持水稻植株健壮、不偏肥，水浆管理遵循浅水勤灌，干湿交替，提高植株水平抗性。

**2. 科学用药。**①强化无病种子和种子消毒，培育无病壮秧，可选用20%三环唑1000倍液浸种消毒，降低种子带菌风险。②移栽前做好带药下田，可选用75%三环唑可湿性粉剂30克/亩①喷施。③加强监测，适时药剂防控。防治叶瘟重点在于加强山区、老病区和易感品种监测，发现田间出现病斑，尤其急性型病斑时，及时选用40%稻瘟灵乳油70～100毫升/亩或2%春雷霉素水剂80～100毫升/亩兑水喷雾，病情严重时，考虑上述两种药剂一起混用，隔一周后再补治1～2次，直至无急性病斑出现。预防穗瘟要求在孕穗末期至始穗期进行喷药保护，选用75%三环唑可湿性粉剂30克/亩或9%吡唑醚菌酯微囊悬浮剂60毫升/亩兑水喷雾。目前稻瘟灵、春雷霉素治疗效果较好，三环唑预防效果明显。

**3. 注意事项。**施药时做好安全防护措施，避免中毒事故。穗期综合防治其他病虫常常合理混用农药，减少防治次数、节约防治成本。交替轮换使用农药，减缓抗药性。农药废弃包装物勿随意丢弃，要集中存放、回收后作无害化处理，以免污染环境。

# 水稻纹枯病

【学名】 *Pellicularia sasakii*（Shirai）Ito

【病原】 病原菌无性阶段为半知菌亚门丝核菌属立枯丝核菌（*Rhizoctonia solani* Kühn.）；有性阶段为担子菌亚门亡革菌属瓜亡革菌（*Thanatephorus cucumeris*）。

---

① 1亩≈667平方米，全书同。

【为害】 衢州市水稻主要病害之一，为害重。水稻整个生育期都可发生，水稻分蘖后期至抽穗前后发病最重。一般早稻和单季晚稻发病重于双季晚稻。稻株受害后，秕谷率增加，千粒重降低，一般减产 10% 左右，严重的可高达 50% 以上。如果引起倒伏，茎叶腐烂，则损失更大。所以有"纹枯透顶，产量丢尽"的说法。

【症状】 水稻整个生育期都可发病，一般在分蘖期开始，至抽穗前后发病最烈（图 1-7），主要为害叶鞘和叶片，严重时也能深入茎秆（图 1-8）和为害穗部（图 1-9）。叶鞘受害，初在近水面处生暗绿色水渍状边缘不清楚的斑点，后渐扩大成椭圆形，边缘淡褐色，中央灰绿色，外围稍呈湿润状，扩展迅速。湿度低时，边缘暗褐色，中央草黄色至灰白色。病斑多时，常数个相互融合成不规则云纹状大斑，引起上面的叶片发黄枯死。叶片上病斑与叶鞘上基本相似，严重的叶片很快青枯或腐烂。湿度大时，病部会长出白色蛛丝状菌丝体，匍匐于病组织表面或攀缘于邻近的稻株之间，形成暗褐色菌核。

图 1-7 纹枯病症状

图 1-8 为害茎秆

图 1-9 为害穗部

【发病因素】　纹枯病的发生和为害，受菌源量、气候条件、水肥管理、品种抗病性和稻株生育期等多种因素的影响。

纹枯病菌主要以菌核在土壤中越冬，也能以菌丝和菌核在病稻草、田边杂草及其他寄主上越冬。田间菌源数量与病害初期发病轻重关系密切，菌源高则稻株初期发病率高。高温、高湿天气，特别是 28 ～ 32℃和 97% 以上的相对湿度最有利于蔓延为害。衢州 6—9 月的气温都适于发病，常年始病期在 5 月下旬或 6 月上旬，6 月中旬到 7 月中旬病害进入高峰期，7 月下旬到 8 月下旬强高温天气病害受到抑制，9 月以后随着气温下降病害渐趋停止。偏施迟施氮肥、稻株嫩绿、长期深水灌溉、过度密植、田间郁闭等则加重病害发生。

【绿色防控技术】　防治纹枯病必须农业防治和科学用药相结合，以水肥管理为中心，科学喷药保护，才能控制其为害。

**1. 农业防治。**①打捞菌核，减少菌源。在秧田或本田翻耕灌水耙平时，多数菌核浮于水面漂浮物中，应及时捞出稻田水面上漂浮的稻秆、杂草、菌核，减少菌源数量。防止病稻草还田，病草垫栏的肥料须充分腐熟后才可施用。②湿润灌溉，及时搁田。必须根据水稻生长发育和气候条件，在比较多肥密植的情况下，分蘖末期以前应以浅水勤灌，结合适当排水露田为宜，分蘖末期须及时搁田，做到肥田、泥田或冷水田重搁，瘦田、沙性田轻搁，稻苗生长过旺的田还宜分次搁田，孕穗或抽穗灌浆阶段，宜以浅水勤灌，反复落水露田，乳熟后仍应干干湿湿，以湿为主。③合理施肥，增强抗病力。掌握基肥足，追肥早，基肥、追肥比例恰当的原则，在施肥种类上，要以有机肥和化肥相结合，注意氮、磷、钾配合施用，切忌过施、偏施氮肥，使稻苗前期能早发，中期控得住，叶片挺立，叶色适中，后期不脱力早衰。

**2. 科学用药。**在病害水平扩展阶段及时用药，分蘖期病丛率达到 5% ～ 10% 时开始用药防控；孕穗期是病害对产量影响的敏感期，尤其病程进入垂直扩展期，一般需用药防控 1 次。药剂可选用

32.5% 苯甲·嘧菌酯悬浮剂 30 毫升 / 亩，75% 肟菌·戊唑醇水分散粒剂 15 克 / 亩，25% 苯醚甲环唑乳油 40 毫升 / 亩。

**3. 注意事项。**参见稻瘟病防治。

# 稻 曲 病

【学名】 *Ustilaginoidea virens*（Cooke）Tak.

【病原】 由稻绿核菌引起，属半知菌亚门真菌。

【为害】 衢州市水稻主要病害之一。病菌以菌核落在土中及厚垣孢子附在种子表面和落入田间越冬。翌年，菌核抽生子座，其内产生子囊孢子；厚垣孢子萌发产生分生孢子。子囊孢子和分生孢子借气流传播，孢子萌发侵入雄蕊花丝，定植后病菌随即休眠，等稻穗抽穗杨花后，菌丝侵入胚乳并暴发式生长，迅速生长包裹整个谷粒而形成孢子座——稻曲球。病菌在 24 ～ 32℃ 发育良好，厚垣孢子发芽和菌丝生长以 28℃ 最适，当气温低于 12℃ 或高于 36℃ 时则不能生长。

主要在水稻抽穗前感病，该病为害谷粒，病粒附近的谷粒粒重下降，瘪谷增加。一般减产 5% ～ 10%，最高可达 60% 以上。

【症状】 病菌侵染的谷粒，先在颖壳内形成菌丝块，从内外颖合缝处露出淡黄绿色块状的菌丝团，并快速增大，包裹整个颖壳，形成近球形孢子座，常大于谷粒数倍，一般抽穗杨花后 7 ～ 10 天定型；颜色由橙黄转为黄绿，最后呈墨绿色；表面初期平滑，后龟裂，散布墨绿色粉末状的厚垣孢子。剖视病粒，最中心为菌丝组织构成的白色肉质块，外围可分为三层：外层是最早成熟的厚垣孢子，墨绿色；第二层是菌丝和逐渐成熟的厚垣孢子，橙黄色；第三层是放射状菌丝和正在形成的厚垣孢子，淡黄色。有的病粒在孢子座基部两侧生出 1 ～ 4 颗黑点菌核（图 1–10）。

【发病因素】 稻曲病的发生为害与天气条件、栽培管理、水稻抗病性等因素相关。

不同品种对稻曲病发生存在差异，具有秆矮、穗大而密、叶片阔且角度小、耐肥抗倒伏、适于密植特点的品种发生较重，一般粳稻、糯稻和籼粳杂交种较感病，而籼稻发病较轻。

病害发生与感病期的气候条件有关。水稻幼穗分化期中后期（幼穗分化4期后）遇多雨、少日照、低温高湿、山区雾大、露重、日照少，气温偏低，利于发病，山区

图 1-10　稻曲病症状

重于平原。同一品种海拔越高，发病越重。偏施氮肥、穗肥用量过多、田间郁闭严重、通风透光差、长期深灌、相对湿度高，发病重。

【绿色防控技术】 稻曲病的发生与水稻品种和气候条件相关，抓住防治适期是该病的防治关键，应采用农业防治和科学用药相结合的综合防治措施。

**1. 农业防治。**①因地制宜选用籼型或粳型杂交稻的抗性品种，可降低发病程度。②加强肥水管理，施足基肥，早施追肥，适施促花肥，氮、磷、钾平衡施肥，促进稻株生长老健，切忌偏施、迟施氮肥，水浆管理宜干干湿湿灌溉，防止长期深灌。

**2. 科学用药。**适期用药是该病防控成败的关键，重点抓住主穗"叶枕平"（水稻剑叶叶枕与倒二叶叶枕齐平）期用药预防，一般在破口前7～10天。药剂选用32.5%苯甲·嘧菌酯悬浮剂30毫升/亩，75%肟菌·戊唑醇水分散粒剂15克/亩，25%苯醚甲环唑乳油40毫升/亩，兼治纹枯病。

**3. 注意事项。**参见稻瘟病防治。

# 水稻白叶枯病

【学名】 *Xanthomonas campestris* pv. *oryzae*（Ishiyama）Dye

【病原】 水稻白叶枯病病原细菌为稻黄单胞杆菌水稻致病变种，属普罗特斯菌门，黄单胞杆菌属。

【为害】 衢州市水稻主要病害之一，多为局部发生，近年为害有上升趋势，一般在沿湖、沿江、丘陵和低洼易涝地区发生较为频繁。籼稻重于粳、糯稻，双季晚稻重于早稻，单季晚稻重于双季晚稻。本病主要引起叶片干枯，不实率增加，米质松脆，千粒重降低。对水稻产量的影响大小与发病的早迟和严重程度有关。如在分蘖期发生凋萎型症状，常造成死株、死丛现象，损失更大。一般受害后所造成的损失约为10%，严重的可达50%，甚至90%以上。

【症状】 水稻生长发育的各阶段均可发病，在衢州主要有4种症状类型。

叶缘型：发病初期，先在叶尖和叶缘出现针头大小的暗绿色水渍状侵染点，并在侵染点周围迅速形成淡黄色短线状病斑，随后逐渐沿叶缘两侧或中肋上下扩展，形成黄褐色长条状病斑，最后变枯白色。病斑边缘常呈现断续的黄绿色或暗绿色变色部。湿度大时，病部易见蜜黄色珠状菌脓（图1–11）。

急性型：表示病害正在急剧发展。病叶先产生暗绿色病斑，如开水烫过，随后迅速扩展使叶片变灰绿色，并向内侧卷曲，失水青枯，病部有蜜黄色珠状菌脓（图1–12）。

凋萎型（枯心型）：多在分蘖期

图1–11 叶缘型白叶枯病

发生，最明显的症状是心叶迅速失水、内卷、青枯而死，很似螟害造成的枯心苗。在青卷的枯心叶、枯心叶鞘下部、病株基部横切面挤压，均可见黄色菌脓。严重的病田，还可出现因茎基受害或剑叶枯死而引起的枯孕穗或白穗（图1-13）。

图 1-12　急性型白叶枯病

图 1-13　凋萎型白叶枯病

　　中脉型：多在上部叶片的中肋先出现水渍状斑，后逐渐向两端扩展，上至叶尖，下至叶枕，呈黄色长条状，病叶纵折枯死，有的半边叶片黄枯（图1-14）。

图 1-14　中脉型白叶枯病

　　【发病因素】　白叶枯病的发生、流行与菌源、气候、肥水管理、品种等都有关系。在有足够菌源存在的前提下，风、雨等气候条件是影响病害流行的重要条件。

　　白叶枯病菌的初次侵染源，主要来自病种子、病稻草、病稻桩和杂草。新病区多由于引种、调种而传入，老病区多半是病稻草传病为主。不同品种、不同生育期抗性不同，幼穗分化期至孕穗期最易感病。此病一般在气温25～30℃、相对湿度85%以上，多雨、日照不足、风速大的气候条件下发生流行。20℃以下和33℃以上，天气干燥，湿度低于80%时，发病就会受到抑制。特别是台风暴雨的侵袭，稻叶大量受伤，既有利于病菌传播，又有利于病菌侵入。长期深水灌溉或稻株受淹，偏施氮肥或过多、过迟施用氮肥的发病重。

【绿色防控技术】 应在控制菌源的前提下，以抗病品种为基础，秧田预防为重点，狠抓肥水管理，辅以药剂防治。

**1. 农业防治。**①选用抗病高产良种，建立无病留种田。②加强肥水管理，在水稻分蘖末期适当晾田，浅湿管理，防止大水串灌、漫灌和长期深灌，防止水淹，避免偏施氮肥，适当增施磷、钾肥，提高植株抗病力。

**2. 科学用药。**①做好带菌种子的消毒处理，种子消毒处理可选用20%噻唑锌悬浮剂200～250倍液浸种。②根据病情调查及预测，对已出现零星病株或初见发病中心时，就应喷药封锁发病中心。如气候条件有利于发病，应全田进行防治，特别是在台风暴雨及洪水淹涝之后，更应立即组织全面喷药。喷药应在露水干后进行，以防人为传播病菌，隔7天左右喷1次，连喷2～3次，施药后如遇雨天，则应雨后补施。药剂可选40%噻唑锌·春雷霉素悬浮剂60毫升/亩，或40%噻唑锌悬浮剂60毫升/亩，或20%噻唑锌悬浮剂120克/亩，或20%噻菌铜悬浮剂100毫升/亩，或20%噻森铜悬浮剂100毫升/亩。

**3. 注意事项。**施药时做好安全防护措施，避免中毒事故。药剂要求轮换使用，施药时保持浅水层5～7天，防止田间漏水、串灌水。周围田块，也要喷药预防保护。白叶枯病等细菌性病害防治使用无人机飞防要注意飞行高度，以尽量减少稻叶损伤造成伤口。农药废弃包装物勿随意丢弃，要集中存放、回收送作无害化处理，以免污染环境。

# 水稻细菌性条斑病

【学名】 *Xanthomonas oryzae* pv. *oryzicola*（Fang et al.）Swings et al

【病原】 水稻细菌性条斑病病原为黄单胞杆菌属稻生黄单胞菌条斑致病变种。

【为害】 水稻细菌性条斑病是国内植物检疫对象之一，衢州市个别稻区有零星发生。主要为害叶片和叶鞘，发病较轻的田减产6%～10%，重病田减产15%～25%，特重田可达75%以上。发病规律与白叶枯病基本相同。病菌主要在病谷和病草中越冬，成为翌年初次侵染的主要来源，其次在李氏禾等杂草上越冬。病谷播种后，病菌就会侵害幼苗而发病，随后将病秧带入本田为害。如用病稻草催芽、覆盖秧板、扎秧把、堵塞涵洞或盖草棚等，病菌也会随水流入秧田或本田而引起发病。

【症状】 整个水稻生育期的叶片均可被侵害。病斑初呈暗绿色水渍状半透明的小点，后迅速在叶脉间扩展成初为暗绿色、后变黄褐色的细条斑，条斑宽约1毫米，长10毫米以上。病斑上沁出许多露珠状的蜜黄色菌脓。发病严重时，许多条斑融合、连接在一起，成为不规则的黄褐色至库白色大斑块，外形与白叶枯病有些相似，但对光仔细观察，仍可看出是由许多半透明的细条融合而成。病害流行时，叶片卷曲，远望呈现一片黄白色（图1-15）。

【发病因素】 水稻细菌性条斑病发生取决于是否存在菌源，种子带菌，或老病区存在充足菌源是发病的前提条件，流行与否主要受品种的抗性、天气条件和栽培管理等因素影响。一般温度在25～30℃，相对湿度在85%以上，露多和暴风雨有利于发病。磷肥、钾肥和基肥不足，氮肥施用过迟和过量，稻田串灌、漫灌等不合理的农田管理措施往往会加重病情。

【绿色防控技术】 水稻细菌性条斑病的防治必须强化检疫，切实做到杜绝初侵染源，选栽抗病品种，培育无病壮秧，科学管水，辅以药剂防治的综合防治策略。

图1-15　水稻细菌性条斑病症状

**1. 实施检疫。**重点加强产地检疫和调运检疫，未经检疫的稻种，不许随意调运，严防种子传病。一旦发现病害，就要严密封锁病区，彻底清除。

**2. 农业防治。**该病属细菌性病害，病菌主要是由气孔侵染，防治白叶枯病的各项农业措施对其均有防效。

**3. 科学用药。**细菌性病害，科学用药技术参照白叶枯病防治。

**4. 注意事项。**参见白叶枯病防治。

# 水稻细菌性基腐病

【学名】　*Erwinia chrysanthemi* Barkn et al.

【病原】　水稻细菌性基腐病病原为菊欧文氏菌玉米致病变种，属欧氏杆菌属细菌。

【为害】　衢州市稻区零星发生。主要为害水稻根节部和茎基部。病原细菌可在病稻桩、病稻草和杂草上越冬，翌年病菌主要从根部和茎基部伤口侵入，在水稻生育期中可反复多次侵染，扩大为害。

【症状】　主要发病特征是茎基部变深褐色腐烂，有难闻的恶臭味（图 1-16，图 1-17）。一般在水稻分蘖期开始发生，先在近土表茎基部叶鞘上产生水渍状椭圆形或长梭形病斑，后渐向上扩展成边缘褐色、中间青灰色的不规则大型病斑。剥去叶鞘，可见茎基部特别是根节部变褐色至黑褐色，有时仅在节间出现深褐色纵条斑。严重的病株心叶青卷，随后枯黄，进一步变黑褐色腐烂，极易拔断，并有一股难闻的恶臭，严重的可造成枯孕穗、半枯穗和枯穗。

图 1-16　水稻细菌性基腐病症状　　图 1-17　根节部变褐色至黑褐色，恶臭

【发病因素】水稻细菌性基腐病的发生取决于菌源因素，流行与否主要受品种的抗性、天气条件及栽培管理等因素影响。

水稻不同类型和品种之间的抗病性有明显差异，凡地势低洼，土壤黏重，排水不良，通气性差的田块发病较重。偏施或过多、过迟施用氮肥的，稻苗过于旺嫩的发病较重。增施有机肥，特别是增施钾肥，培育壮秧，则有明显延缓发病和减轻为害的作用。温度高会加重病害发生。

【绿色防控技术】　水稻细菌性基腐病的防治应采用农业防治和科学用药相结合。以选栽抗病品种、注重培育壮秧、加强科学管水、合理施肥为主，及时喷药防治为辅的综合防治措施。

**1. 农业防治。**①选用抗病高产良种是防治细菌性基腐病的一项最经济有效的措施。②提高秧苗素质，在抓好晒种、选种、催芽、稀播的基础上，采用湿润育秧，适当增施磷、钾肥，保护植株根系。③加强肥水管理，根据水稻不同品种的特性和土质条件，掌握总用肥量和基、追肥比例，控制追肥时间，注意增施有机肥和氮、磷、钾三要素搭配，避免偏施、迟施氮肥。掌握苗期深水护苗，分蘖期浅水勤灌，经常露田，分蘖末期适度搁田，幼穗分化至抽穗期"薄水养胎"和适当露田，灌浆成熟期干干湿湿，养根保叶，以减轻为害。一旦发病，直接排干田水搁田，避免长期深水灌溉，影响根系发育。

**2. 科学用药。**该病属细菌性病害，科学用药技术参照白叶枯病防治。

**3. 注意事项。**参见白叶枯病防治。

# 水稻烂秧病

【病原】 水稻侵染性烂秧病原有多种，绵腐病病原物多为稻腐霉、层出绵霉和鞭绵霉（*Achlya* spp.），鞭毛菌亚门属；立枯病病原物为多种镰孢（*Fusarium* spp.）、腐霉（*Pythium* spp.）和丝核菌（*Rhizoctonia* solani），分别为半知菌亚门真菌、鞭毛菌亚门、半知菌亚门丝核菌属。

【为害】 水稻自播种至整个苗期均可发生多种生理性病害和侵染性病害，通称为"烂秧"。扎根以前，幼芽跷脚，黑头黑根，以及腐烂死亡，称烂芽；播种后种子不发芽，逐渐发黑腐烂，称烂种；幼苗在二、三叶期死亡，称死苗。主要在苗期危害，为害部位为根部，是造成死苗的原因之一，导致秧苗不足、延误农时，造成减产。

【症状】 水稻烂秧病分生理性烂秧和侵染性烂秧（图1–18）。生理性烂秧分烂种、烂芽、死苗，侵染性烂秧分绵腐病、立枯病。

**1. 生理性烂秧。**①烂种：因种子管理不善、条件不良等造成种子变质，在催芽前就丧失了发芽能力；因催芽不当，影响发芽，导致失去生命力的种子播在土壤中产生了烂种。②烂芽：稻种发芽，由于管理不当，引起腐烂。③死苗：一是早春育秧期间，遇低温阴雨使秧苗新陈代谢受阻，根系活力下降，造成"青枯死苗"（图1-19），植株转黄腐烂；二是施用未腐熟有机肥或土壤过酸过碱，产生有毒物质，使秧根中毒发黑而产生死苗。

图1-18 水稻烂秧病症状

**2. 侵染性烂秧。**①绵腐病：多发生于水育秧田，是水育秧秧田的主要病害，播种后5～6天内即可发生。初期以种壳破口处或幼芽基部先出现少量乳白色胶

图1-19 青枯死苗株和健株

状物，逐渐向四周长出白色絮状菌丝，呈放射状，后常呈铁锈色、绿褐色或泥土色。受害后稻种腐烂、幼芽或幼苗则因茎腐烂而枯死。初发病时秧田中呈零星点片出现，若持续低温复水，可迅速蔓延，全田枯死。②立枯病：主要发生在旱育秧及半旱育秧秧田，也可发生于水育秧田。立枯病是旱育秧的毁灭性病害。症状较为复杂，因发病迟早、环境条件和病原物种类不同而异，表现为芽腐、针腐、黄枯、青枯。

【发病因素】

**1. 生理性烂秧。**①烂种。谷种播下后不长根、不长芽，最后变黑腐烂。病因是在催芽时温度过高，胚芽被烫死；或催芽时温度过低，种子未萌动或被水中霉菌侵染。②黑根。幼根变黑腐烂，幼芽变黄卷曲而死。病因是秧田施用了过多未腐熟的农家肥，未腐熟

的农家肥在土壤中分解发酵放出有毒物质，使种子中毒而死。③不扎根。只发芽不长根，或长根而根不入土形成漂秧。病因是由于催芽过长，播种后又遇水过深，种子头重脚轻，引起漂秧；或由于泥面过硬，根扎不进土内。④死苗。死苗在秧苗立针现绿至3叶期前后易发生。死苗原因：一是青枯死苗。秧苗转绿后，叶片卷筒萎蔫，最后死亡。病因是由于秧苗对11℃以下的低温抵抗力弱，低温过后遇暴晴，使叶片蒸腾作用加强，而土温偏低使根吸收水分的能力减弱，水分供不应求，故造成生理失水。二是黄枯死苗。秧苗转绿后逐渐变黄死亡，其病因是由于低温、阴天过长，使光合作用减弱，叶绿素含量变低，根系的吸收能力差，引起黄枯死亡。三是白苗。整株变白死亡，或叶片某一部分变白。病因是由于盖细土过厚，幼芽长期不见阳光不能进行光合作用，缺乏叶绿素变白；有的是在窝塘积水处，因高温煮苗而变白；有的是因苗接触到膜，造成高温烧苗形成白苗。

**2. 侵染性烂秧。**①绵腐病。发病初期，幼芽基部出现乳白色的胶状物，以后在上长出白色的菌丝和游动孢囊，后呈褐色或黑色，幼苗变黄枯死。发病原因是病菌普遍存在于水和土中，在秧苗生长初期遭受低温冻害，或长期灌深水，有利于病菌生长而不利于秧苗生长，使秧苗衰弱，病菌易侵入。②立枯病。症状为幼苗变黄枯死，茎基部变褐色，并且长有白色、粉红色或灰色霉层，是病菌的菌丝体和分生孢子。发病原因是温差变化大或低温、秧苗缺水，都会导致秧苗生长衰弱，使病菌侵入引起病害。

【绿色防控技术】 防治水稻烂秧病应农业防治和科学用药相结合，以提高育秧技术、改善环境条件、加强苗床管理、增强秧苗抗病能力为主，适时开展药剂防治。

**1. 农业防治。**①因地制宜选用湿润薄膜育秧、旱育秧，秧田位置要选择土壤肥力中等、避风向阳、排灌方便、邻近大田的熟地作秧田，播种育秧前将地块整平、整细，秧板板面达到"平、实、光、直"。长期灌水秧田发生水稻烂秧后，立即排水落干，使种子幼芽与阳光空气充分接触，促使秧苗迅速扎根，发生"黑根"为主的秧田，可采用小水勤灌，冲淡毒物，促使幼苗恢复健康。②提高育秧技术，播种育秧采用秧盘室内育秧再移入保护地管理。秧盘播种后调节喷水量，浇足底水，以基质达到水饱和，表面不积水为宜，水中可添加防治立枯病等烂秧病的药剂。出苗后至1叶1心期控温散湿，棚内温度控制在25℃左右，最高不超过28℃；1叶1心至2叶1心期，增加通风时间，严防高温烧苗或秧苗徒长；2叶1心期开始揭膜炼苗，当日平均温度稳定在15℃即可全部揭膜，成苗株挺叶绿，茎基部粗扁有弹性，根部盘结牢固，提起不散，移栽大田，通过对秧苗调控合适的温度、湿度，有效避免低温导致水稻秧苗出现烂秧，提高秧苗的素质，培育壮苗。

**2. 科学用药。** ①种子消毒处理。播前晒种，剔除秕谷和受伤种子，选用健壮种谷，并采用间歇浸种来预防水稻秧苗病害，可选用25%氰烯菌酯悬浮剂2000倍液+25%咪鲜胺乳油2000倍液（即氰烯菌酯1毫升+咪鲜胺1毫升加水2升）浸种24～48小时（气温较高时可适当缩短浸种时间），然后催芽，注意催芽不能太长，以免下种时受伤。再结合控制秧苗稻蓟马和稻飞虱为害进行拌种播种。②发生烂秧田块的急救措施，用药前排水落干，留下一层浅水（0.5～1厘米即可），秧苗发病初期或在秧苗1叶1心至3叶期，选用350克/升精甲霜灵处理乳剂用水稀释至1～2升，或96%噁霉灵可湿性粉剂稀释3000倍液，或30%甲霜·噁霉灵水剂稀释1500～2000倍液等喷施防治。

**3. 注意事项。** 农药废弃包装物勿随意丢弃，要集中存放、回收送作无害化处理。

# 水稻恶苗病

【学名】 *Gibberella fujikuroi*（Sawada）Wollenw.
【病原】 恶苗病病原菌的无性世代为串珠镰孢，属半知菌亚门真菌。

【为害】 此病的初侵染源主要是带菌种子，其次是带菌稻草。病菌以分生孢子在种子表面或以菌丝体在种子内部越冬。在浸种时分生孢子又可污染无病种子而传播。

【症状】 从苗期至抽穗期都可发生。徒长是本病的主要特征，但也有病株矮化或外观正常，这可能和病菌的株系或生理小种有关。苗期发病为多，与种子带菌有关。病株比健株高、细、弱，叶片和叶鞘窄长，分蘖少或不分蘖，节间显著伸长，节部常常弯曲露出叶鞘之外，全株淡黄绿色，根系发育不良，根毛稀少，重病株多在孕穗期枯死，轻病株常提早抽穗，穗形短小或籽粒不实。天气潮湿时，在枯死病株的表面长满淡红色或白色粉霉（图1-20）。

图 1-20　水稻恶苗病症状

【发病因素】 恶苗病的发生为害与种子带菌率直接相关，种子带菌率高时，往往导致秧田期严重发生，土壤温度和水稻品种的抗性也影响发病。当土温 30 ～ 35℃时，病苗出现最多，20℃以下和 40℃以上都不表现症状。水稻不同品种对恶苗病的抗病性有所不同，但目前尚未发现免疫品种，一般糯稻较籼稻发病轻。此外，受伤的种子和种苗都易于发病，长期深灌、偏施氮肥也有利于病害发生。

【绿色防控技术】 建立无病留种田和做好种子处理，是防治此病的关键，辅以其他农业防治措施也可减轻病害。

**1. 农业防治。**①建立无病留种田，播前晒种，剔除秕谷和受伤种子，选用健壮种谷。②播种前催芽时间不能太长，温度不宜太高，避免播种时受伤。③及时拔除病株，集中晒干销毁或放入鱼塘喂鱼。④处理病稻草，尽量用作燃料或沤制肥料。不要用病稻草作为种子消毒或催芽时的覆盖物或捆秧把。

**2. 科学用药。**以种子消毒处理为主，可选用 25% 氰烯菌酯悬浮剂 2000 倍液 +25% 咪鲜胺乳油 2000 倍液（即氰烯菌酯 1 毫升 + 咪鲜胺 1 毫升加水 2 升）浸种 24～48 小时（气温较高时可适当缩短浸种时间），然后催芽，再结合控制秧苗稻蓟马和稻飞虱为害进行拌种播种。

**3. 注意事项。**农药废弃包装物勿随意丢弃，要集中存放、回收送作无害化处理。

# 水稻南方黑条矮缩病

【学名】 Southern Rice Black-streaked Dwarf

【病原】 南方黑条矮缩病毒属斐济病毒属。

【为害】 南方黑条矮缩病于 2001 年首次在我国广东发现，此后逐渐蔓延至广西、海南、湖南、江西及安徽等省（自治区）稻区。2010 年，该病在衢州市部分稻区暴发成灾，出现多点成片田块绝收。但以后逐年减轻，目前多为零星发生。该病毒病寄主范围较广，在自然条件下可侵染水稻、玉米、薏米、稗草、白草和水莎草等。病毒的传毒介体主要是白背飞虱，病毒可在白背飞虱体内繁殖，白背飞虱一旦获毒，即终身带毒。

【症状】 水稻各生育期均可感病。秧苗期病株严重矮缩不能拔节，重病株早枯死亡；本田初期，感病稻株明显矮缩，不抽穗或仅抽包颈穗；分蘖期和拔节期感病稻株，矮缩不明显，能抽穗，但穗小、不实粒多、粒重轻。发病稻株叶色深绿，上部叶的叶面可见凹凸不平的褶皱，褶皱多发生于叶片近基部；拔节期病株地上数节节部有气生须根及高节位分枝（图1-21，图1-22）；茎秆表面有乳白色大小为1～2毫米的瘤状突起，瘤突呈蜡点状纵向排列成一短条形，早期乳白色，后期褐黑色。感病植株根系不发达，须根少而短，严重时根系呈黄褐色。

图1-21　南方水稻黑条矮缩病为害状

图1-22　气生须根和瘤状突起

【发病因素】　南方水稻黑条矮缩病主要在带毒白背飞虱体内、田间自生及再生水稻苗、杂草上越冬。衢州市初侵染源主要由迁入性白背飞虱带毒传入。初期发病为害程度与白背飞虱的迁入量、带毒率和水稻生育期直接相关。如白背飞虱迁入期早，迁入代成虫可进入水稻田传毒产卵，扩繁的第二代飞虱传毒仍会引致染病株矮缩症状。如果入侵虫量大，且带毒率偏高，这些田块可能严重发病。

【绿色防控技术】　坚持"预防为主，治虫防病"的指导思想，落实切断病毒链、治虫防病、治秧田保大田、治前期保后期的各项措施。

**1. 农业防治。**①提倡连片种植，统一播种育秧，合理安排水稻播种和移栽期，避开白背飞虱迁入高峰。②推广防虫网覆盖育秧，播种后用防虫网全程覆盖秧田，阻止白背飞虱迁入秧田上传毒为害。③加强肥水管理，不施或少施氮肥，适当增施磷、钾肥，增强水稻抗病能力。④加强白背飞虱发生动态监测，做好初次迁入虫源带毒率监测。

**2. 科学用药**。抓住秧苗期和本田初期关键环节，通过"治虫防病"方法，压低白背飞虱种群数量和带毒率，从病害源头切断病毒的循环链。①种子催芽后播种前必须进行拌种处理，破肚露白后，每千克干稻种用30%噻虫嗪种子处理剂3毫升或60%吡虫啉悬浮种衣剂常规稻2毫升（杂交稻5毫升）或35%丁硫克百威干拌剂6克兑水20毫升左右溶后拌匀已催芽种子，摊开阴干后播种，并保持秧畈湿润。②要做好水稻秧田期和分蘖期的白背飞虱防治工作，压低迁入后虫源基数，秧田期拔秧前2～3天喷施"送嫁药"，分蘖期在水稻移栽后15天左右酌情用药。防治白背飞虱药剂可选10%吡虫啉可湿性粉剂30克/亩，25%吡蚜酮可湿性粉剂24克/亩。

**3. 注意事项**。由于35%丁硫克百威干拌剂属中等毒性杀虫剂，对家禽仍有一定的毒性，播种后要防止鸡鸭等家禽进入秧田，以免发生中毒死亡事件。清洁田园，注意农药废弃包装物收集，回收送作无害化处置。

# 水稻胡麻斑病

【学名】　*Bipolaris oryzae* (Breda de Haan) Shoem.

【病原】　病原无性态为稻平脐蠕孢菌，属半知菌亚门真菌。

【为害】　衢州市局部稻区发生，从秧苗期到成熟期都可发病，稻株地上部均能受害，尤以叶片最为普遍。主要引起叶片早衰，千粒重降低，影响产量和米质，一般造成减产10%，严重时减产可达30%。病菌以菌丝体在病草与颖壳内或以分生孢子附着在种子和病草上越冬，成为初次侵染来源。在干燥的情况下，病组织上的分生孢子可存活3～4年，但翻埋土中的病菌经一个冬季便失去生活力。遗落土面的病草，其中一部分菌丝体有越冬能力。

【症状】　叶片发病，病斑通常是褐色椭圆形，外围有很狭小的黄色晕圈，大小如芝麻粒，后期病斑边缘褐色，中央变灰褐色至灰白色。一叶上病斑数往往很多，常相互愈合成不规则的大斑。当稻株缺钾时，病斑较大，略呈棱形，轮纹更加明显，称为大斑型病斑。此病在田间分布较均匀，一般由下部叶片向上部叶片发展。穗颈、枝梗和谷粒受害变暗褐色，造成秕谷或粒变灰白色、松脆（图1-23）。

图 1-23　水稻胡麻斑病症状

【发病因素】　水稻胡麻斑病的发生为害与土壤质地、肥水管理、品种抗病性等关系密切。一般酸性土、沙质土和泥质土、土壤缺水、冷浸田、土壤瘠薄缺肥时发病重，特别是缺乏钾肥或过量施用石灰更易发病。不同水稻品种和生育期抗病性有差异，一般苗期最易感病，分蘖期抗病性增强，抽穗期又易感病。谷粒则以抽穗至齐穗期最易感病，随后抗病性逐渐增强。

【绿色防控技术】　水稻胡麻斑病的防治应以农业防治为主，特别要加强深耕改土和肥水管理，辅以药剂防治的防控策略。

**1. 农业防治。**①改良土壤，预防本病着重于增施基肥，及时追肥并做到氮、磷、钾适当配合。沙质土可多施腐熟堆肥作基肥，以增加土壤保肥力。酸性土壤可施石灰。病田施用钾肥，特别是出现大斑型病斑时，更有较好的防病效果。②科学管水，既要避免田中积水，又要避免过分缺水而造成土壤干裂，以实行浅水勤灌为好。

**2. 科学用药。**①种子处理，结合预防稻瘟病等可用20% 三环唑可湿性粉剂 1000 倍液浸种消毒。②大田发病在农业防治的基础上科学用药，药剂可选 75% 三环唑可湿性粉剂 30 克 / 亩，40% 稻瘟灵乳油 70 ～ 100 毫升 / 亩，2% 春雷霉素水剂 80 ～ 100 毫升 / 亩。

**3. 注意事项。**注意农药废弃包装物收集，回收送作无害化处置。

# 水稻干尖线虫病

【学名】 *Aphelenchoides besseyi* Christie

【病原】 贝西滑刃线虫（稻干尖线虫）属线形动物门。

【为害】 衢州市个别稻区零星发生。稻株感染线虫病后，功能叶形成捻转扭曲成干尖，生理机能受到破坏，光合作用减弱，病穗比健穗短 1 ～ 1.5 厘米，千粒重减轻 0.7 ～ 0.9 克，造成减产 10% ～ 20%，严重者达 30% 以上。

【症状】 水稻整个生育期都可以受害，主要在叶部和穗部发生。苗期症状不明显，偶在 4 ～ 5 片真叶时出现叶尖灰白色干枯，呈黄白色或黄褐色，并扭曲呈捻纸状即所谓"干尖"，枯死部分与绿色部分分界明显。病株孕穗后干尖更严重，剑叶或其下 2 ～ 3 叶尖端 1 ～ 8 厘米渐枯黄，变成黄褐色半透明，后干枯扭曲呈捻纸状，变为灰白或淡褐色，病健部界限明显，病健交界处有一条弯曲的褐色界纹。湿度大有雾露存在时，干尖叶片展平呈半透明水渍状，随风飘动，露干后又复卷曲。有的病株不显症，但稻穗带有线虫，大多数植株能正常抽穗，但植株生长衰弱、矮小，穗短、秕粒多，多不孕，穗直立（图 1-24）。

【发病因素】 水稻干尖线虫以成虫和幼虫潜伏在谷粒的颖壳和米粒间越冬。借种子传播，带虫种子是本病主要初侵染源。从芽鞘或叶鞘缝隙侵入稻苗，即当浸种催芽时，种子内线虫开始活动，播种带病种子后，线虫多游离于水中及土壤中，但大部分线虫死亡，少数线虫遇到幼芽、幼苗，从芽鞘、叶鞘缝隙处侵入，潜存于叶鞘内，以口针刺吸组织汁液，营外寄生生活。播种后半月内低温多雨，有利发病。

图 1-24　水稻干尖线虫病症状

【绿色防控技术】 采取农业防治和科学用药相结合的综合防治措施。

**1. 农业防治。**①建立无病种子田，选留无病种子。②可用温水浸种作种子处理，稻种先用冷水浸 24 小时，然后移入 45 ～ 47℃温水中浸 5 分钟，再移入 52 ～ 54℃温水中浸 10 分钟，取出立即冷却、催芽、播种。③加强肥水管理，防止串灌、漫灌，减少线虫随水流行。

**2. 科学用药。**药剂浸种处理是防治干尖线虫病等种传病害最有效方法，可用 16% 咪鲜·杀螟丹可湿性性粉剂 500 ～ 600 倍液浸种 48 小时，浸种后直接催芽。

**3. 注意事项。**注意农药废弃包装物收集，回收送作无害化处置。

# 第二章　水稻主要虫害

## 褐 飞 虱

【学名】　*Nilaparvata lugens*（Stàl）

【分类】　褐飞虱又名褐稻虱，属同翅目、飞虱科。

【分布】　此虫分布广，为衢州市单季晚稻和双季晚稻上的主要害虫，个别年份早稻后期发生重。

【形态特征】　褐飞虱系不完全变态的昆虫，无蛹态。

**1. 成虫**。雌雄均有长翅型和短翅型（图 2-1）。长翅型成虫体长 4～5 毫米，黄褐色或黑褐色，有油状光泽；口器针状；颜面部纵背呈"川"字形排列，前翅后缘有一黑斑，翅的 1/3 长度超过腹部末端。雌虫腹部较长而胖，末端呈圆锥形，一般为黄褐色，少数黑褐色；雄虫腹部较短而瘦，末端近似喇叭筒状，一般为黑褐色。短翅型除短翅、不达腹部末端外，其余均与长翅型相同。

**2. 卵**。产在叶鞘或穗颈组织空腔中，香蕉状，长约 0.6 毫米，聚产成块，排列紧密；初产时乳白色，后渐变为淡黄色，并在前端出现红色眼点。

**3. 若虫**。有五个龄期，形状均与成虫相似。一龄体色灰白，无翅芽，腹部背面中央有一淡色粗"T"字形斑纹。二龄体色淡黄褐色，无翅芽，

图 2-1　褐飞虱成虫

腹部背面中央"T"字形斑纹渐模糊。三龄体色褐至黑褐色，翅芽显现，呈"八"字形向后伸，腹部第三、四节背上各出现一对白色蜡粉样的"△"形斑纹，像两条白色横线。四、五龄体色和斑纹均与三龄相似，只是体型较大，各种斑纹更明显。

【生活习性】 褐飞虱是一种迁飞性害虫，每年发生的世代数，随纬度的降低而增多。衢州市年发生 4～5 代，世代重叠，尚未发现越冬虫源，被认为每年发生的虫源是从南方长距离迁飞而来。一般每年 5 月底至 6 月下旬，第一代成虫在稻田中出现，以后每隔 25～30 天繁殖一代，以第四、五代为害单季晚稻和双季晚稻最烈，个别年份（如 2020 年）早稻穗期为害重。褐飞虱喜阴湿，成虫和若虫多聚集稻丛基部取食栖息。成虫和若虫都有趋光性，尤以长翅成虫为强，在夜晚能扑灯，闷热的夜晚扑灯更多，每晚以 8—11 时扑灯最盛，扑灯量为全夜的 9/10。成虫还有趋嫩绿的习性，在迁入、转移、扩散及产卵时，都趋向处于分蘖盛期到乳熟阶段、生长嫩绿茂密的稻田。产卵多在下午，每只雌虫产卵 300～700 粒，最多达 1000 余粒。卵多产于稻株下部叶鞘背部肥厚的组织中，也有产在叶片基部中肋内和穗颈组织中。褐飞虱各虫态的生长发育历期，因地区、世代和季节不同而有长短，一般随气温的升高而缩短，夏季较短，秋季较长。在衢州成虫寿命一般为 15～25 天；卵历期在夏季为 7～8 天，春秋季在 10 天以上，但气温过高、超过 35℃，历期反而延长。若虫历期在夏季一般为 12～15 天，春秋季在 20 天以上。在三龄以前，虫体小，对稻苗为害较轻；四龄以后，虫体大，取食量多，对稻苗破坏性增加，为害重。褐飞虱在断缺食料环境中有一定的耐饥能力。

【为害状】 褐飞虱为单食性害虫，对水稻有明显的嗜好性，主要为害栽培稻和野生稻，虽可取食稗、千金子、李氏禾等，但成活率低，不能繁殖后代。成虫和若虫群集稻株茎基部刺吸汁液（图 2-2），并产卵于叶鞘组织中，使叶鞘受损而出现黄褐色伤痕。受害轻者，下部叶片枯黄，影响千粒重；重者，通常造成水稻倒秆、

"穿顶"和"黄塘"（图2-3），产量损失很大。褐飞虱成虫和若虫都可以取食为害，以高龄若虫取食为害最盛。褐飞虱还能传播水稻草状矮缩病、齿叶矮缩病，也会加强水稻纹枯病、小球菌核病的侵染为害。取食时排泄的蜜露，因富含各种糖类、氨基酸类，蜜露在稻株上，极易招致煤烟病菌的滋生。

图 2-2　褐飞虱聚集稻丛基部取
　　　　食栖息

图 2-3　褐飞虱为害造成"黄塘"

【发生规律】衢州市第一代长翅成虫于每年的4月下旬至6月下旬从南方迁飞来，这批长翅成虫在早稻田、单季晚稻田和双季晚稻秧田中产卵、繁殖后代，部分早发生的个体，能在这些稻田中繁殖一代，此时由于虫口少，为害不重。7月中旬至9月中下旬是褐飞虱的发生盛期，若遇条件适宜，短翅型成虫7月上旬出现早、占比高是大发生的预兆，导致单季晚稻田和早插双季晚稻田往往暴发成灾。

褐飞虱喜温暖高湿的气候条件，在相对湿度达80%以上、气温20～30℃时，生长发育良好，尤以26～28℃最为适宜，"夏秋多雨，盛夏不热，晚秋不凉"是大发生的天气特征。在栽培上，施肥不当，偏施、重施或过迟施用氮肥，稻株生长过于嫩绿，后期贪青，茎叶徒长，丛间郁闭，有利于其生活和繁殖，虫口多、为害重。密植程度过高，丛间小气候阴凉、高湿，对其生活和繁殖也有利。在灌溉方面，长期积水，有利于其生活和繁殖；适时适度烤田，可以抑制其发展。

【绿色防控技术】 采取农业防治、生态调控、科学用药相结合的综合防治措施，在选用抗病品种，加强肥水管理，准确掌握虫情的基础上，及时合理地使用与保护天敌相协调的化学防治。

**1. 农业防治。**①因地制宜选用高产、抗虫良种。②合理布局，统一规划，实行同品种、同生育期的水稻连片种植，避免不同品种"插花"，防止褐飞虱扩散转移，也有利于做好统防统治。③肥水管理上，做到基肥足，追肥早，避免偏施、迟施氮肥，适时搁田，干干湿湿，控制无效分蘖和贪青倒伏，使稻株生长老健，降低田间湿度。

**2. 生态调控。**①保护和利用天敌。重要措施是种植蜜源植物和合理施药，褐飞虱各虫期的天敌有数十种之多，常见的有蜘蛛、黑肩绿盲蝽等，应在田埂种植芝麻、大豆或撒种草花等显花植物，保留禾本科杂草等，为天敌提供食料和栖息环境，更好发挥稻田生态系统的自然控制作用。②放鸭吃虫，可根据水稻的生育期和虫情，分批分期放养鸭群，一般以250～400克的小鸭效果好，行动灵活，吃虫而不伤苗，幼嫩稻苗和孕穗以后放更小的鸭子更为安全。

**3. 科学用药。**根据水稻品种类型、生育期和虫情发展情况，分别采用压前控后和狠治主害代的防治策略。根据单季晚稻和双季晚稻田间虫情调查，在水稻分蘖期虫量达到100～200头/百丛，孕穗期500～600头/百丛，齐穗灌浆期800～1000头/百丛，蜡熟期1000～1500头/百丛时施药防治，一般常规稻执行下限，杂交稻执行上限。药剂可选20%烯啶虫胺30～40毫升/亩，20%烯啶·吡蚜酮水分散粒剂20～30克/亩，50%吡蚜酮12～20克/亩。

**4. 注意事项。**做好农药的安全使用，避免在高温时段用药和使用高毒农药，交替轮换使用农药，减缓抗药性。采用高效、低毒、低残留农药，开展指标防治，减少农药使用，最大限度地保护天敌。施药时要适当增加用水量，并保持稻田寸水，以确保防治效果。注意回收农药废弃包装物，净化农田生态环境。

# 白背飞虱

【学名】 *Sogatella furcifera*（Horváth）

【分类】 白背飞虱又名白背稻虱，属同翅目、飞虱科。

【分布】 此虫分布广，为衢州市早稻和单季晚稻上的主要害虫。

【形态特征】

**1.成虫。** 雌虫分长短翅型，雄虫仅有长翅型。长翅型体长4～5毫米，灰黄色。口器针状。颜面部有3条凸起的纵脊，脊色淡，沟色深，黑白分明。胸部背面小盾板中央有一长五角形白色或蓝白色斑，此斑两侧，雌虫为暗褐色或灰褐色，雄虫为黑色，并在白斑前端相连接。前翅半透明，后缘中央有一黑斑，静止时合于背上。雌虫腹部腹面为淡黄褐色，末端圆锥形，雄虫为黑色，末端喇叭形。短翅型雌虫，体长约4毫米，灰黄色至淡黄色，体型肥胖，翅短，仅及腹部一半（图2-4）。

图 2-4　白背飞虱成虫

**2.卵。** 尖辣椒形，细瘦，微弯曲，长约8毫米。初产时乳白色，后变淡黄色，并在较细的前端出现两红色眼点。卵成块产于叶鞘和叶中肋等处组织中，卵粒单行排列。

**3. 若虫**。近梭形，两端较狭，中部较宽。初孵时乳白色有淡灰斑，后呈淡灰黄色，体背有灰褐色或灰青色块状斑纹。翅芽发展情况与褐飞虱若虫类似。

【生活习性】 每年发生代数因地区而有不同，衢州市一年发生5～6代，未发现任何虫态能在田间过冬，认为初次虫源可能自南方迁飞而来。各代成虫发生期依次为4月下旬至5月下旬、6月下旬至7月中旬、7月下旬至8月中旬、8月下旬至9月上旬、10月上旬，有些年份还有不完全的第六代出现。为害盛期是6月中旬至8月中旬早稻、单季晚稻分蘖至圆秆拔节期。

成虫以上午10时至下午3时为最盛，平时多在水稻茎秆和叶背上取食，活动位置比褐飞虱和灰飞虱都高。有趋光性，在夜晚长翅成虫能大量扑灯。还有趋嫩绿的习性，一般较嫩绿的田块，容易吸引成虫产卵为害。卵多产于叶鞘肥厚部分组织中，也有产在叶片基部中脉内和茎秆中，尤以下部第二叶鞘内较多。产卵痕初呈黄白色，后逐渐变为褐色条斑。每个卵块内有卵5～28粒，多数为5～6粒。长翅雌虫一生能产卵300～400粒，短翅型产卵量比长翅型约多20%。

若虫一般多聚集在稻丛下部取食，三龄以前食量小，为害性不大，第四、五龄食量大，为害严重。活动力以第三、四龄时最强。若虫发育历期随着气温的升高而缩短。

卵的发育历期随着温度的升高而缩短，但至30℃以上反而有延长的趋势，发育的起点温度为10.4℃。

【为害状】 成虫和若虫群集稻株茎基部吸食叶鞘汁液（图2-5），受害轻时，叶尖部褪绿变黄；严重时全株枯死。穗期被害还造成抽穗困难、枯孕穗或穗褐色、秕谷多等状。除为害水稻外，还为害麦、甘蔗、粟及稗草、看麦娘等多种禾本科作物和杂草。能传播南方水稻黑条矮缩病。

【发生规律】 衢州市白背飞虱第一代长翅成虫一般于5月中、下旬在早稻本田中出现，经过一至二代的繁殖，到6～7月间就能

图 2-5 白背飞虱为害稻基部

繁殖大量虫口，所以在早稻后期，单季晚稻分蘖期，双季晚稻秧田以及早插的双季晚稻田受害较重，尤以迟熟早稻和单季晚稻为甚。有些年份局部地区 9 月间发生量也很大，对晚稻特别是杂交晚稻，造成较重的为害。此虫对温度的适应范围较大，在 30 ℃高温或 15 ℃低温下都能正常生长发育和繁殖子代；而对湿度的要求较高，以相对湿度 80% ～ 90% 为适宜。一般初夏多雨，盛夏干旱的年份，将会大发生。在水稻的各个生育期，成虫和若虫都能取食为害，而以分蘖盛期至孕穗抽穗期最甚，此时虫口增殖快，密度高。蜡熟期以后，稻株衰老，不适于取食，逐渐迁离，虫口下降。

【绿色防控技术】 采取农业防治、生态调控、科学用药相结合的综合防治措施，除控制白背飞虱对水稻的为害，更是通过"治虫防病"，减轻南方水稻黑条矮缩病的发生。

**1. 农业防治**。参见褐飞虱防治。

**2. 生态调控**。参见褐飞虱防治。

**3. 科学用药**。①"治虫防病"，做好种子处理和秧苗期防治，方法同南方水稻黑条矮缩病防治。②加强田间调查，根据水稻品种类型、生育期和虫情发展情况，采取防治迁入峰成虫和主害代低龄若虫高峰期相结合的对策。药剂可选 20% 烯啶虫胺乳油 30 ～ 40 毫升 / 亩，20% 烯啶·吡蚜酮水分散粒剂 20 ～ 30 克 / 亩，50% 吡蚜酮可湿性粉剂 20 克 / 亩，70% 吡虫啉水分散粒剂 25 克 / 亩。

**4. 注意事项。** 参见褐飞虱防治。

# 灰 飞 虱

【学名】 *Laodelphax striatellus*（Fallén）

【分类】 灰飞虱又名灰稻虱，属同翅目、飞虱科。

【分布】 衢州市各地稻区都有分布。

【形态特性】

**1. 成虫。** 雌雄均有长翅型和短翅型之分。长翅型体长 3.5 ～ 4.2 毫米，淡黄褐色至灰褐色，口器针状。前翅淡灰色，半透明，后缘中部有一黑斑，雌虫小盾板中央淡黄白色或淡黄褐色，两侧各有一个半月形黄褐色斑，腹部肥胖，色较淡，末端呈圆锥状。雄虫小盾板黑色，腹部较瘦小，色较深，末端呈喇叭口状。短翅型体长 2.1 ～ 2.8 毫米，翅长不达腹末，其余与长翅型相似（图2-6）。

**2. 卵。** 长茄形，微弯曲，长约 0.7 毫米。初产时乳白色，后变淡黄色。卵成块产于叶鞘、叶中肋或茎秆组织中，卵粒成簇或双行排列。卵帽露出产卵痕，像一粒粒鱼籽状。

**3. 若虫。** 近椭圆形，初孵时淡黄色，后转变成黄褐色至灰褐色，也有呈红褐色。第三、四腹节背面各有一对淡色的"八"字形斑。若虫有五龄，一、二龄无翅芽，复眼鲜红色；三龄翅芽显现，复眼紫红色；四龄翅芽伸长，前后翅芽能分辨，复眼紫褐色；五龄前翅芽盖住后翅芽，复眼紫黑色，体长约 2.7 毫米。

图 2-6　灰飞虱成虫

【生活习性】 年发生世代数，随各地纬度的降低而增多，海拔的升高而减少。衢州市年发生6代，以三、四龄若虫在麦田、草子田及田边、沟边等处的看麦娘等禾本科杂草中越冬。越冬期间，如天气晴暖仍能活动取食，主要食料是大小麦和看麦娘。越冬代成虫短翅型居多，其余各代均以长翅型为多。翅型比例在雌雄间也有差别，一般雌虫短翅型较多，越冬代占91%～99%，第二、四代占25%～30%；雄虫除越冬代短翅型占61%～90%外，其余各代几乎全是长翅型。长翅型成虫有趋光性，夜晚能扑灯，但不及褐飞虱强。

在稻、麦、稗草植株上，卵多产于下部叶鞘及叶片基部的中脉组织中。在看麦娘和抽穗后的稻株上，多产于茎腔中。每雌虫产卵量，一般数十粒，越冬代最多，可达500粒左右，长短翅型雌虫的产卵量，除越冬代相差不大，其余各代短翅型显著多于长翅型。

卵的历期也随气温的升高而缩短，春季越冬代和第一代较长，为14～15天，夏季第二、三、四代较短，为6～9天。

若虫常群集于寄主植株下部取食，不受惊扰，很少移动。寄主抽穗以后，夜间和早晨则爬至穗部取食。若虫历期因温度而异，低温长，高温短，春季第一代较长，平均29.1天，夏季第二、三、四代较短，平均13.8～16.3天。但温度超过29℃则反而延长，甚至出现滞育现象。

【为害状】 成虫和若虫群集稻株下部刺吸汁液，很少直接导致稻株枯死，但为害严重时，也有可能造成枯秆倒伏，能传播黑条矮缩病和条纹叶枯病等病毒病。此虫寄主种类较多，但以禾本科植物为主，除为害水稻外，还取食大小麦，玉米及看麦娘、稗草、双穗雀稗，离石禾等。

【发生规律】 越冬若虫和成虫，以及第一代若虫，主要为害大、小麦。5月下旬开始，逐渐迁移到早稻上为害。全年虫量高峰期是6—7月间的第二、三代，是为害水稻、传播病毒病的最烈时期。8月立秋前后，由于高温干旱，不利于其生长发育和繁殖，一般年份虫量剧烈下降，其后不再造成严重为害。

【防治措施】 根据灰飞虱对水稻直接为害不重，而传播病毒病造成为害大的特点，应以治虫防病为目标。要狠治最易感病的秧田和本田前期，特别要重视对迁入秧田和本田前期的成虫的防治。

绿色防控技术和注意事项。参见白背飞虱防治。

【三种稻飞虱的识别】 褐飞虱、白背飞虱和灰飞虱是水稻上三种主要飞虱，在稻田中往往两种或三种混杂发生。其识别要点如表2-1所示。

表2-1 三种稻飞虱的形态比较

| 虫态 | 部位与项目 | 褐飞虱 | 白背飞虱 | 灰飞虱 |
|---|---|---|---|---|
| 成虫 | 体长与体色 | 长约4.8毫米，黄褐色至黑褐色，有油状光泽 | 长约4.6毫米，灰黄色 | 长约4.1毫米，淡黄褐色至灰褐色 |
| | 小盾板颜色 | 雌虫褐色或黄褐色，雄虫黑褐色或深褐色，三条纵走隆起线明显 | 中央有一长五角形蓝白色或白色斑纹；其两侧，雌虫为暗褐色或灰褐色，雄虫为黑色。三条隆起线不明显 | 雌虫中央为淡黄白色或淡黄褐色，两侧各有1个半月形黄褐色斑；雄虫全部黑色。三条隆起线较明显 |
| | 头顶形状 | 复眼间距中等，头顶稍前突 | 复眼间距较窄，头顶显著向前突出 | 复眼间距较宽，头顶近圆弧形，突出不明显 |
| | 颜面纵脊、纵沟色泽 | 脊、沟同色 | 脊色淡、沟色深，黑白相间分明 | 脊色淡、沟色深，黑白相间分明 |

续表

| 虫态 | 部位与项目 | 褐飞虱 | 白背飞虱 | 灰飞虱 |
|------|-----------|--------|----------|--------|
| 卵 | 卵粒形状 | 前期丝瓜形，中后期弯弓形 | 前期新月形，中、后期尖辣椒形 | 前期香蕉形，中、后期长茄子形 |
| | 卵长 | 约0.89毫米 | 约0.75毫米 | 约0.75毫米 |
| | 卵条内卵粒排列方式 | 前端单行，后端挤成双行 | 前、后端都是单行排列 | 前端单行，后端双行或乱成簇 |
| | 卵帽突露程度 | 卵帽与产卵痕相平，尚能辨别粒数 | 卵帽不外露，粒数看不清 | 卵帽稍突出，似鱼子状，能明辨卵粒数 |
| 若虫 | 体形 | 近鸡蛋形，头小腹胖 | 梭形，头尾两端较尖 | 近椭圆形，头尾浑圆 |
| | 体色 | 黄褐至黑褐色 | 淡灰黄色，背面有灰褐至灰黑色块斑 | 黄白至灰褐色，有时呈红褐色 |
| | 腹部背面斑形状 | 一、二龄时有淡色倒"凸"形斑；三龄后在第三、四节上各具一对明显的白色蜡粉样"△"斑，似两条白色横线 | 一龄时各节节间和背中线色浅；二龄时第三、四节和背中线色较淡，呈倒"凸"形斑；三菱后第三、四节各具一对淡色"△"斑 | 体中轴部色较淡；两侧较深；第三、四节各有灰白色"八"字形斑；其他斑纹模糊不清 |
| | 落水后后足伸展状态 | 向两侧横伸出，平伸成"一"字形 | 向两侧横出，平伸成"一"字形 | 向两侧后斜伸成"八"字形 |

# 稻纵卷叶螟

【学名】 *Cnaphalocrocis medinalis* Guenee

【分类】 稻纵卷叶螟俗称刮青虫、白叶虫、苞叶虫等。属鳞翅目，螟蛾科。

【分布】 衢州市稻区普遍发生，为水稻上的主要害虫。

图 2-7　稻纵卷叶螟成虫

【形态特征】

**1. 成虫。**体长 7～9 毫米，翅展 12～18 毫米。体翅黄褐色，前后翅外缘有黑褐色宽边。前翅三角形，前缘暗褐色，有三条暗褐色横线，两边两横线从前缘一直到后缘，中横线短而较粗，不伸达后缘，后翅外缘线及外缘宽带与前翅相同，直达后缘。雄蛾体较小，前翅前缘中部中横线处，有一黑色毛簇围城的闪光的凹陷状"眼点"，前足胫节上生褐色丛毛，停息时尾部常向上翘起。雌蛾体较大，前翅无"眼点"，前足胫节正常，无丛毛，停息时尾部较平直（图 2-7）。

**2. 卵。**椭圆形，长约 1 毫米，宽约 0.5 毫米，扁平而中间稍隆起，卵壳表面有网状纹。初产时白色透明，近孵化时淡黄色，在烈日曝晒下常变赭红色，被寄生蜂寄生的卵粒为黑褐色或黑色。

**3. 幼虫。**通常 5 龄，体长 1.7～19 毫米，成长过程中，要脱去几次皮才成熟，每脱皮一次就增加一龄，初孵幼虫为一龄（图 2-8）。初孵幼虫体长 1.7 毫米，头黑色，体淡黄绿色；2 龄头淡黄褐色，体色黄绿，前胸背板前缘和后缘中部各出现 2 个黑点；3 龄头褐色，体草绿色，前胸背板后缘 2 个三角形黑斑；4 龄头暗褐色，体绿色，前胸背板前缘 2 黑点两侧出现许多小黑点连成弧形，中、后胸背面斑纹黑褐色；5 龄体长 14～19 毫米，头部褐色，体黄绿色到绿色，老熟时橘红色。前胸背板有 1 对黑褐色斑，中、后胸背

图 2-8　稻纵卷叶螟幼虫

面各有 8 个毛片，分成 2 排，前排 6 个，后排 2 个。

**4. 预蛹**。体长 11.5 ～ 13.5 毫米，比五龄幼虫缩短，淡橙红色。体伸直，体节膨胀，腹足及尾足收缩。

**5. 蛹**。长 7 ～ 10 毫米，长圆筒形，末端较尖细。初淡黄色，后转褐色。蛹外常裹白色薄茧。

【生活习性】

**1. 成虫**。成虫日伏夜出，日间多隐藏在生长茂密郁蔽的稻田里，如无惊扰，很少活动。交尾、产卵等活动也多在夜间，有多次交尾习性。平均每只雌虫一生可产卵 40 ～ 50 粒，多的可达170 ～ 210 粒。卵多散产，也有 2 ～ 5 粒产于一起，叶面卵量大于叶背，少数产在叶鞘上。成虫有趋光性、栖息趋荫蔽性和产卵趋嫩性。成虫寿命与温湿度关系密切，寿命 4 ～ 17 天。蜜源植物可延长寿命，增加产卵量。

**2. 卵**。卵孵化时间多在上午，以 7—9 时孵化最多；阴雨天全天均有孵化。适温高湿时，即温度在 22 ～ 28℃、相对湿度 80% 以上，孵化率可达 80% ～ 90%；高温干旱时，或温度低于 20℃，孵化率降低。

**3. 幼虫**。一生的食量为 5 ～ 6 张叶片，食量随虫龄增大而增加。初孵幼虫先从叶尖沿叶脉来回爬动，大部分钻入心叶，或钻入心叶附近的叶鞘内，取食叶肉，叶片上出现小白点，很少结苞。进入二龄的幼虫，则在心叶基部或叶尖结苞。二龄后期开始转叶为害，通常二龄幼虫盛发时，也正是田间新虫苞数量激增期。四龄后转叶频繁，虫苞上形成白色长条大斑，五龄时可造成全叶纵卷，四、五龄食叶量占幼虫期总食量的 91% 以上。从幼虫初孵到结苞的天数，一般 2 ～ 5 天，幼虫结苞多在傍晚或早晨，阴雨天则全天都有转叶结苞现象。

**4. 蛹**。幼虫老熟，经预蛹 1 ～ 2 天后吐丝结茧化蛹。化蛹部位因水稻生育期和田水情况而异，可在稻丛下部叶鞘内侧、稻丛基部黄叶、无效分蘖的嫩叶、稻丛植株间、田边杂草丛间叠苞结茧化蛹，或在土隙缝中化蛹。

【为害状】 稻纵卷叶螟是一种迁飞性害虫，也是多食性害虫，以幼虫为害水稻，此外还为害大麦、小麦、小米、甘蔗、茭白等作物，以及稗草、李氏禾、雀稗、双穗雀稗、狗尾草、马唐等杂草。初孵幼虫取食心叶，出现白色小点，也有先在叶鞘内为害的。随着虫龄的增大，吐丝缀合两边叶缘，做成纵卷稻叶的圆筒形虫苞，幼虫藏身苞内啃食上表皮和叶肉，仅留下表皮成白色条斑。严重时"虫苞累累，白叶满田"，影响光合作用，影响水稻生长发育（图2-9）。特别是孕穗、抽穗期剑叶被吃白，造成瘪谷率增加，千粒重降低，导致严重减产。

图 2-9　稻纵卷叶螟为害状

【发生规律】 衢州市一般发生 4～5 代虫害，世代重叠发生，不能越冬。初始虫源为春季成虫随季风由南向北而来，随气流下沉和雨水拖带降落下来。秋季成虫随季风回迁到南方进行繁殖，以幼虫和蛹越冬。主害代是迁入虫源时，常伴降雨过程，迁入蛾量大则大发生。本地虫源加部分迁入虫源时，雨量、雨日、温度、湿度等气候因素是影响大发生的主导因素。水稻分蘖至孕穗期，特别是氮肥多，稻叶嫩绿，郁蔽度大，灌水深的田块，发生重。

【绿色防控技术】 防治稻纵卷叶螟，应采取农业防治、自然天敌保护利用和化学防治相结合的综合防治措施。在充分利用一切自然控制因子、压低虫口的基础上，科学地使用农药。

**1. 农业防治。** ①合理施肥，施足基肥，巧施追肥，使水稻生长正常，适期成熟。防止稻苗前期猛发嫩绿，后期贪青迟熟，可减轻受害程度。对受害水稻，及时、适当地追肥，可增强补偿作用，分蘖期的补偿作用更为明显。②科学用水，对稻纵卷叶螟也有一定的抑制作用。在卵盛孵期，采用搁田、烤田等措施，降低田间湿度，可抑制孵化率和初孵幼虫成活率，蛹的抗水性弱，蛹淹水 2 天（48小时），预蛹浸水 2 小时，即能收到很好的灭虫效果，可在化蛹前结合搁田，放燥田水，使化蛹部位降低，至化蛹高峰时，在不妨碍水稻正常生长前提下，灌水灭蛹，可消灭部分虫蛹。

**2. 生态调控。** 稻田旁边空地及田埂种植显花植物和留草。种植芝麻、大豆，撒种显花植物或保留禾本科杂草，为天敌提供食料和栖息环境，保护和提高赤眼蜂、绒茧蜂、蜘蛛等天敌的控害能力，更好发挥稻田生态系统的自然控制作用。

**3. 生物防治。** ①人工释放赤眼蜂，利用天敌赤眼蜂防治水稻卷叶螟，在稻田稻纵卷叶螟始盛期释放稻螟赤眼蜂或螟黄赤眼蜂，间隔 5 天释放一次，每代视虫情释放 2～3 次，每亩每次释放 1 万头，每亩设置 5～8 个释放点，释放点间隔为 10～12 米。放蜂高度以分蘖期蜂卡高于植株顶端 5～20 厘米、穗期低于植株 5～10厘米为宜。②利用性诱剂，性诱剂要在稻纵卷叶螟发生始盛前使用，特别是诱杀早期迁入的虫源，对控制后代虫口密度作用更明显、有效。

**4. 科学用药。** 压缩用药面积，扩大天敌保护面，实行指标防治。以保护 3 张功能叶不受害为目标，将害虫密度控制在经济允许受害水平之下，要求水稻分蘖期有效虫量 40 头 / 百丛或者分蘖期水稻束叶尖 150 个 / 百丛，穗期有效虫量 20 头 / 百丛或者孕穗后水稻束叶尖 60 个 / 百丛，在卵孵盛期至幼虫 1～2 龄高峰期适时用药。药剂可选 10% 阿维·氯酰胺悬浮剂 40～45 毫升 / 亩，20% 氯虫苯甲酰胺悬浮剂 12～15 毫升 / 亩，6% 阿维·氯苯酰 50 毫升 / 亩，甘蓝夜蛾核型多角体病毒 20 亿 PIB/ 毫升悬浮剂 90～120 毫升 / 亩。

**5. 注意事项。** 采用高效、低毒、低残留农药，并充分考虑水稻对稻纵卷叶螟为害有一定的补偿能力，改变"见虫就打药"的观念，实施指标防治，减少农药使用，最大限度地保护天敌。做好农药的安全使用，避免在高温时段用药和使用高毒农药。注意回收农药废弃包装物，净化农田生态环境。

# 二 化 螟

【学名】 *Chilo suppressalis*（Walker）

【分类】 二化螟别名蛀秆虫、蛀心虫。属鳞翅目、螟蛾科。

【分布】 衢州市水稻主要害虫，全年都可发生，以早稻受害最重。

【形态特征】

**1. 成虫。** 体长 13～16 毫米，翅展 21～26 毫米，体灰褐色，腹部纺锤形，被灰白色鳞毛。前翅近长方形，灰黄色，沿外缘有六七个小黑点。后翅白色。雄蛾体较小，色较深，翅面满布褐色不规则小点，腹部较瘦，呈圆筒形；雌蛾体较大，色较淡，翅面很少褐色小点，腹部纺锤形，较丰满（图 2-10）。

**2. 卵。** 卵粒扁椭圆形，排列成鱼鳞状，常数十粒至一二百粒聚集成块，卵块长圆形。初产时乳白色，以后渐变为淡黄色、黄褐色，将孵化时为灰黑色（图 2-11）。

图 2-10　二化螟成虫

图 2-11　二化螟卵块

**3. 幼虫**。头半球形，棕色；体圆筒形，背面有 5 条褐色纵线，腹面灰白色；腹足趾钩双序全环或缺环，由外向内渐短渐稀。

**4. 蛹**。长为 10 ～ 13 毫米，初为米黄色，腹部背面尚可见 5 条褐色纵线，后变为淡棕色、棕色，背面纵纹逐渐模糊，中间三条较明显。足伸到翅芽末端。臀棘近扁平，有一对刺毛，背面有 2 个角质小突起（图 2-12）。

图 2-12　二化螟幼虫和蛹

【生活习性】 衢州市一年发生三、四代，以幼虫在稻根、稻草、茭白等处越冬。幼虫生活力强，翻入泥下稻根中的二化螟，春暖后能爬出侵入蚕豆、油菜、紫云英、麦子等植株为害。3—4 月间化蛹，由于越冬地方多，所以第一代蛾发生极不整齐，一般茭白和春花田稻根中的幼虫化蛹羽化较早，其次是稻草中的幼虫和侵入油菜、蚕豆、紫云英等植株中的幼虫。螟蛾有趋光和喜欢在叶宽、秆粗及生长嫩绿的稻田里产卵的习性。卵块在水稻苗期多数产在叶片上，圆秆拔节以后大多数产在叶鞘上。初孵幼虫，先侵入叶鞘中为害，造成枯鞘，到二、三龄后才蛀入茎秆，造成枯心苗、白穗和虫伤株。在水稻幼苗期，初孵幼虫一般分散为害或几条幼虫为害一叶鞘；在大苗或孕穗期，一般先集中为害，数十条至百余条集中在一株稻苗上，发育到三龄以后才转株分散为害。幼虫老熟后，即在叶鞘或稻茎内结薄茧化蛹。

【为害状】 在水稻分蘖期为害，造成枯鞘和枯心苗；在孕穗、抽穗期为害，造成枯孕穗和白穗；在灌浆乳熟期为害，造成半枯穗和虫伤株。除水稻外，还为害茭白、玉米、甘蔗、小米以及芦苇等

图 2-13 二化螟为害状

禾本科杂草，越冬后部分幼虫还能侵入蚕豆、油菜、麦子和紫云英茎秆为害（图 2-13）。

【发生规律】 衢州市一般年份二化螟以第一、二代为害较重，在第三、四代为害较轻。第一代蛾的主要来源是春花田稻根、晚稻草和侵入春花作物植株的越冬幼虫。第一代主要为害早稻，特别是早插的粗秆、阔叶类型品种田内产卵最多，受害最重。第二代主要为害迟熟早稻和单季晚稻。第三代往往由于早稻收割、翻耕灌水和天敌等因素的影响，发生量减少，为害较轻；但在第二代早发、虫口密度大和由于早稻收割期推迟、虫口淘汰少的年份，第三代也有大发生的可能，尤其单双季稻混栽区，形成较多的桥梁田，使二代二化螟有较多的虫口进入第三代，因而三代对单、双季晚稻为害较重；少数年份（如2021年）10月中旬仍持续高温，形成完整四代二化螟，对双季晚稻为害较重。

【绿色防控技术】 综合运用农业防治、生态调控、理化诱控、生物防治等措施，压低虫口基数，根据二化螟发生情况及危害程度，因地制宜做好药剂防治。

**1. 农业防治。**①减少插花种植，单、双季稻混栽区提倡集中连片种植，尽量避免插花种植，减少二化螟桥梁田。②"低茬收割，碎秆还田，旋耕灭茬，春灌杀蛹"，在越冬代二化螟化蛹高峰期，对冬闲田、绿肥田进行翻耕，将残留稻桩、稻草翻入土中，并灌水淹没，保持 7～10 天，杀灭越冬代虫蛹，有效降低虫源基数。③单季稻适度推迟播种期，避开越冬代螟虫产卵高峰期，减少落卵量。

**2. 生态调控**。在稻田机耕路、主干道两侧种植香根草，丛间距3～5厘米，诱集二化螟、大螟成虫产卵，减少螟虫在水稻上的产卵量，降低虫口基数。田边种植大豆、芝麻、波斯菊等显花植物，田埂留草，为天敌提供食料和栖息环境，提高天敌种群数量，增强天敌控害作用。

**3. 理化诱控**。①性诱剂诱杀。从越冬代成虫羽化始期开始，全程应用二化螟性诱诱捕器诱杀雄性成虫，大面积连片使用，平均每亩1个性诱诱捕器，诱捕器间距25米左右，采用外密内疏的布局方法，区域内非稻田同样放置。诱捕器放置高度为诱捕器底部高于地面50～80厘米，选用长效诱芯，及时更换诱芯。②杀虫灯诱杀。利用螟虫成虫的趋光性，在成虫盛发期使用黑光灯、频振式杀虫灯等诱杀二化螟成虫，一般每30～50亩稻田安装1盏杀虫灯，距地面1.3～1.5米。

**4. 生物防治**。在稻田二化螟成虫始盛期释放稻螟赤眼蜂或螟黄赤眼蜂，间隔3～5天释放1次，每代视虫情释放2～3次，每亩每次释放1万头，每亩设置5～8个释放点，释放点间隔为10～12米，放蜂高度以分蘖期蜂卡高于植株顶端5～20厘米，穗期低于植株顶端5～10厘米为宜。

**5. 科学用药**。根据二化螟一代发生量大、二代发生量随一代残留虫量多少而变动的特点，药治二化螟的策略应为"狠治一代"，既可保苗，又能有效地压低二代虫口密度，而且由于苗小易治，效果显著而稳定。①移栽田秧苗做到带药下田。秧苗移栽前施药，治秧田保大田，药剂可选用40%氯虫·噻虫嗪水分散粒剂30～40克/亩或200克/升氯虫苯甲酰胺悬浮剂20～30毫升/亩。②大田科学用药。早栽早发，生长旺盛、茎秆粗壮的稻田早调查、早防治。对于田间枯鞘丛率8%～10%或枯鞘株率达3%的田块，抓住二代虫卵孵化高峰期后3～5天普治1次，枯鞘丛低于8%的田块挑治枯鞘团。防治药剂可选用40%氯虫·噻虫嗪水分散粒剂30～40克/亩，34%乙多·甲氧虫悬浮剂33毫升/亩，20%氯虫苯甲酰胺悬浮剂 15 毫升 / 亩，6% 阿维·氯苯酰悬浮剂 60 ～ 70 毫升 / 亩。

**6. 注意事项**。采用高效、低毒、低残留农药，开展指标防治，减少农药使用，最大限度地保护天敌。根据本地二化螟抗药性水平和药剂筛选结果选用药剂，并交替轮换使用农药，减缓抗药性。做好农药的安全使用，避免在高温时段用药和使用高毒农药。施药时要适当增加用水量，并保持稻田寸水，以确保防治效果。注意回收农药废弃包装物，净化农田生态环境。

# 大　螟

【学名】　*Sesamia inferens*（Walker）

【分类】　大螟又名稻蛀茎夜蛾，紫螟。属鳞翅目、夜蛾科。

【分布】　衢州市各地都有分布，但为害不重。

【形态特征】

**1. 成虫**。体长 15 毫米左右，翅展 30 毫米左右，头部、胸部浅黄褐色，腹部浅黄色至灰白色，触角丝状，前翅长方形，淡褐黄色，翅中部从翅基至外缘有明显的暗褐色纵纹，此线上下各有 2 个小黑点。后翅银白色（图 2-14）。

**2. 卵**。卵扁圆形，初白色后变淡黄色、淡红至黑色，表面具细纵纹和横线，聚生或散生，常排成 2 ～ 4 行（图 2-15）。

图 2-14　大螟成虫

图 2-15　大螟卵块

**3. 幼虫。**老熟幼虫体长 30 毫米左右。体粗，头红褐色至暗褐色，胴部淡黄色，背面带紫红色，腹足趾沟 12 ～ 15 个，列成中带，共 5 ～ 7 龄（图 2-16）。

**4. 蛹。**蛹长 13 ～ 18 毫米，粗壮，初期乳白色，渐变黄褐色、红褐色，腹部具灰白色粉状物，臀棘有 3 根钩棘（图 2-17）。

 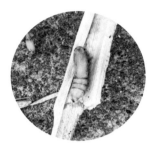

图 2-16 大螟幼虫 　　　　　　　图 2-17 大螟蛹虫

【生活习性】 衢州市大螟一年发生 3 ～ 4 代，以幼虫在稻桩及玉米、高粱、菱白等残株和芦苇、三棱草根际越冬。越冬幼虫一般4 月间化蛹，4 月下旬至五月上旬第一代蛾盛发，6 月下旬至 7 月上旬第二代蛾盛发，8 月间第三代蛾盛发，第四代蛾在 9 月中下旬盛发。早稻和晚稻均可为害，一般以第一代为害早稻为主。成虫趋光性较三化螟和二化螟弱，喜选择植株高大、秆粗壮、叶色浓绿、叶鞘抱合不紧的水稻产卵，特喜好杂交稻。

【为害状】 大螟为害症状与二化螟相似，参见二化螟。

【发生规律】 初孵幼虫先群集叶鞘取食，3 ～ 5 天后造成枯鞘。发育至二、三龄开始分散蛀茎，造成枯心。以后幼虫不断转株为害。水稻孕穗以后幼虫为害则造成枯孕穗、白穗或虫伤株。老熟幼虫后移至下部叶鞘内或稻丛间化蛹，少数化蛹于枯孕穗或稻茎中。大螟发生程度与耕作制度有密切关系，菱白与水稻插花种植地区，该虫在两寄主间转移为害。

【绿色防控技术和注意事项】 参见二化螟防治。

# 稻蓟马

【学名】 *Stenchaetothrips biformis*（Bagnall）

【分类】 属缨翅目、蓟马科。

【分布】 分布广，衢州市各稻区都有发生。

【形态特征】

**1. 成虫。**体长 1 ～ 1.3 毫米，雄略小于雌，黑褐色。头部近方形，前胸背板发达，后缘有鬃 4 根；翅 2 对，前翅比后翅大，缨毛细长，呈羽毛状，翅脉明显，上脉鬃 7 根，端鬃 3 根；足黄色。腹部圆锥形，10 节，雌虫的第八和第九腹节有锯齿状产卵器。

**2. 卵。**肾脏形，长约 0.2 毫米，黄白色，半透明，孵化前可透见红色眼点。

**3. 若虫。**有四个龄期，初孵若虫，白色透明，触角念珠状，复眼红色，头胸部与腹部等长，腹节不甚明显。二龄体浅黄至深黄色；三龄触角分向两边，翅芽始现；四龄体淡褐色，触角向后翻，翅芽长达第六、第七腹节。第三、四龄不取食，但能活动，称为前蛹和蛹。

【生活习性】 稻蓟马生活周期短，发生代数多，世代重叠，田间发生世代数较难划分。一般半月左右繁殖一代。多数以成虫在禾本科杂草、茭白、麦田等处越冬。成虫白天躲藏在卷叶或新叶内，早晚及阴天外出活动，能飞善爬，并能随气流扩散。雌成虫有明显的趋嫩绿稻苗产卵的习性。卵产在稻叶脉间的叶肉内，散产。初孵若虫多聚集叶耳、叶舌处，更喜在展开的幼嫩心叶内取食。心叶展开后，第三、四龄若虫（前蛹和蛹）集中到叶尖为害，叶尖纵卷变黄，预示成虫也将盛发。

【为害状】 稻蓟马主要在水稻生长前期为害。成虫和若虫以口器磨破稻叶表皮，吸食汁液，被害叶上出现黄白色小斑点，叶尖枯黄卷缩，严重时叶片纵卷变黄甚至焦枯，状如火烧；本田受害严重时，影响稻株返青和分蘖，生长受阻，稻苗坐蔸。除为害水稻外，还为害小麦，也偶见为害玉米、粟（谷子）等，并取食禾本科杂草。

【发生规律】 主要为害水稻的苗期、分蘖期和幼穗分化期。4—6月是稻蓟马严重为害时期。稻蓟马生长发育和繁殖的适宜温度范围是 10～30℃，最适温度为 15～25℃。在高温干旱条件下，成虫产卵少，卵孵化率低，初孵若虫死亡率高。台风雨或大雨能使虫口数量锐减。

【绿色防控技术】 采用农业防治和科学用药结合的综合防治策略。

**1. 农业防治。**①品种合理布局，避免单双季稻混栽，使水稻生育期一致，以恶化稻蓟马的食料条件。②合理施肥，在施足基肥的基础上，适期适量返青肥，促使秧苗正常生长，减轻为害。③保护天敌，稻田蜘蛛是稻蓟马的重要捕食性天敌，但杀虫剂对蜘蛛有较强的杀伤力，需要合理施药，认真保护，使蜘蛛数量的回升相对快于稻蓟马，以发挥天敌的抑制作用。

**2. 科学用药。**①药剂拌种。用 35% 丁硫克百威种子处理干粉剂 10 克 +10% 吡虫啉可湿性粉剂 10 克，拌种 1.5 千克。要求将浸种后的谷种催芽晾干后，按比例加入药剂，使药剂均匀附在种子表面，能有效控制秧田前期稻蓟马为害，并能驱避雀害和鼠害。②用好"送嫁药"。移栽前 1～2 天，亩用 40% 氯虫·噻虫嗪水分散粒剂 10 克或 70% 吡虫啉水分散粒剂 10 克冲水 30 升喷雾，控制大田前期的稻蓟马、二化螟、稻飞虱等为害。③加强田间调查。对每百株有虫 200 头以上或叶尖初卷率达 5%～10% 的秧田，以及每百株有虫 300 头以上或叶尖初卷率达 10% 左右的分蘖期本田，应列为防治对象田，立即用药防治。药剂可选用 50% 吡蚜酮可湿性粉剂 20 克 / 亩，70% 吡虫啉水分散粒剂 25 克 / 亩，冲水 30 升喷药防治。

**3. 注意事项。**注意农药废弃包装物收集，回收送作无害化处置。

# 福 寿 螺

【学名】 *Pomacea canaliculata*

【分类】 属软体动物门腹足纲新进腹足目瓶螺科。

【分布】 分布广，衢州市各稻区都有发生。

【形态特征】

**1. 成体**。贝壳外观与田螺相似（图 2-18）。具有螺旋状的螺壳，颜色随环境及螺龄不同而异，有光泽和若干条细纵纹，爬行时头部和腹足伸出。头部具触角 2 对，前触角短，后触角长，后触角的基部外侧各有 1 只眼睛。螺体左边具 1 条粗大的肺吸管。螺旋部短圆锥形，具 5～6 个增长迅速的螺层。成螺贝壳厚，壳高 5～7 厘米，最大壳径可达 15 厘米。幼贝壳薄，贝壳的缝合线处下陷呈浅沟，壳脐深而宽。福寿螺雌雄同体，异体交配。

**2. 卵**。卵圆形，直径 2 毫米，初产卵粉红色至鲜红色，卵的表面有一层不明显的白色粉状物，在 5～6 月的气温条件下，5 天后变为灰白色至褐色，这时卵内已孵化成幼螺（图 2-19）。卵块椭圆形，大小不一，卵粒排列整齐，卵块不易脱落，鲜红色，小卵块仅数十粒，大的达百千粒以上。

图 2-18 福寿螺成体

图 2-19 福寿螺卵块

【生活习性】　福寿螺喜生活于清净的水中，常群集栖息在水域的边缘浅水处，或吸附在水生植物根茎叶上，也能离开水域短时间生活（图2-20）。其行动靠发达的腹足在水底或附着物上爬行，也能在水中缓慢游泳，给其摄食带来很大

图2-20　福寿螺产卵在沟壁上

方便。福寿螺对环境温度的变化敏感，水温28℃左右时，活动能力最频繁，生长最快，夏季水温高达34℃也能正常生长，但当水温降至12℃以下，活动能力明显下降，水温8～10℃能安全越冬。福寿螺怕强光，白天活动小，傍晚多在水面上摄食，其感觉较灵敏，遇有敌害，便下沉至水底。

【为害状】　福寿螺在衢州发生较为严重，其主要危害对象是水稻、茭白、菱角、水生蔬菜等，其中以水稻的受害程度最重，一般危害田块减产10%左右，严重田块减产50%以上。福寿螺孵化后稍长即开始啃食水稻等水生植物，尤喜幼嫩部分。水稻插秧后至搁田前是主要受害期，它咬剪水稻主蘖及有效分蘖，致有效穗减少而造成减产。

【发生规律】　福寿螺在衢州1年发生2代，世代重叠，以成螺和幼螺在水生作物基部或水田土表下2～3厘米深处越冬，每年4—10月为福寿螺的繁殖季节，其中6—8月是繁殖盛期，适宜水温为18～30℃。越冬后的成螺于5月上旬开始交配产卵，雌螺产卵时爬到离水面15厘米以上的池边干燥处，如茎秆、沟壁、墙壁、田埂、杂草等附着物以及水生植物的茎上产下卵块，并黏附其上，产卵活动常在晚上进行，卵期25～30天，初孵化刚破腹的仔螺能爬行运动，跌落入水后群集在池边、沟边、浅水处，或爬到离水面2～3厘米处的潮湿地方或在水生植物上，吞食浮游生物

等，以逐渐适应水中生活，幼螺发育 3～4 个月，而后性成熟。福寿螺一生均在淡水中生活，如遇干旱则紧闭壳盖，静止不动可以长达 3～4 个月，每只成熟雌螺可产卵多次，1 只雌螺平均繁殖幼螺可达 1 000 只以上，经 1 年 2 代可繁殖幼螺 32.5 万余只，繁殖力极强，造成世代重叠。

【绿色防控技术】

**1. 农业防治。**①清淤除草灭螺。春耕前铲除稻田边、水沟边杂草，破坏福寿螺的越冬场所，并清理稻田淤泥，将越冬螺源带离塘渠集中暴晒、碾碎或挖坑深埋，减少翌年发生基数。②对稻田消毒灭螺，4 月雨季来前进行 1 次消毒灭螺工作。每亩用生石灰 50 千克均匀撒施于池塘、渠道及四周，随即放水回田，并保持水深 13～15 厘米 3～4 天。③安置拦网灭螺，在稻田进排水口安置拦截网（40～60 目），阻止福寿螺幼螺和成螺随水传播。④人工捡拾或诱杀卵块。在春季产卵高峰期，结合田间管理摘除田间、沟渠边卵块，人工捡拾带离稻田喂养鸭子或压碎杀灭。利用福寿螺产卵的特点在危害田中人工插木桩、竹片引诱其产卵并铲毁。⑤创新农作制度，实行水旱轮作，使福寿螺缺水死亡，或者脱水晒田灭螺。在水稻生产前期，即在螺卵盛孵期，利用幼螺抗性差的特点，稻田适当脱水露田几天，以消灭福寿螺幼螺。

**2. 生态调控。**在福寿螺的发生田块，有计划地组织饲养鸭群，利用鸭群取食，将其杀灭，每亩稻田养鸭 20～30 只，可以移栽后 7～10 天至抽穗前、收割后反复多次放养鸭群。茭白田每亩可以养鳖 30～150 只。水稻幼苗期、穗期及茭白嫩芽期不宜放养。另外在附近水域，可放养鸭群，养殖草鱼、中华鳖、青鱼、鲤鱼、淡水白鲳等。

**3. 科学用药。**秧田 3 级及以上时及时防治，大田插秧后福寿螺危害等级为 3 级及以上进及时防治。秧苗移后 1 天，用 6% 四聚乙醛颗粒剂 30～40 克 / 亩，拌细土或化肥均匀撒施，施药后田中保持 3～4 厘米水层。福寿螺为害严重的每隔 10 天再施药 1 次，共

2～3次。

**4. 注意事项**。①杀螺胺对人皮肤有强烈刺激作用，用药时应做好安全防护措施。不宜在鱼、虾套养的田块中使用。用药后7天内不可将田水排入河流、鱼塘。②5%四聚乙醛颗粒防治福寿螺时，24小时内如果遇大雨，需补施药。③有机产品和绿色产品产地实施福寿螺综合防治，应按照《绿色食品 农药使用准则》（NY/T 393—2020）、中华人民共和国环境保护行业标准（HJ/T 80）的规定。④用药时做好个人防护。⑤注意回收农药废弃包装物，净化农田生态环境。

# 第三章 水稻主要草害

## 千 金 子

【学名】 *Leptochloa chinensis*（Linn.）Nees

【分布与危害】 广泛分布于衢州各地。生长于稻田、田边和低湿地，直播稻田和田塍发生较多，是为害水稻的恶性杂草。

【形态特征】 须根系。株高 30～90 厘米，茎丛生，直立，基部膝曲或倾斜；具 3～6 节，平滑无毛。叶片长披针形，扁平或稍卷折，长 10～25 厘米，宽 2～6 毫米；叶鞘无毛，疏松包茎，多短于节间；无叶耳，叶舌膜质，长 1～2 毫米，撕裂呈流苏状，具小纤毛。圆锥花序长 10～30 厘米，主轴和分枝均微粗糙；小穗多带紫色，长 2～4 毫米，有 3～7 朵小花，小穗柄长 0.8 毫米，稍粗糙；颖片具 1 脉，脊上稍粗糙；第 1 颖长 1～1.5 毫米，披针形，第 2 颖长 1.2～1.8 毫米，长圆形；外稃倒卵形，长 1.5～1.8 毫米，顶端钝，有 3 脉，中脉成脊，中下部及边缘被微毛或无毛；内稃长圆形，比外稃略短，膜质透明，具 2 脉，脊上微粗糙，边缘内折，表面疏被微毛；花药 3 个，长 0.5 毫米。颖果长圆形，长约 1 毫米（图 3-1）。

图 3-1　千金子

【生长习性】 一年生。苗期 5—6 月，花果期 8—11 月。种子为越冬休眠型，落地后进入休眠，在次年满足出芽条件时即可发生；种子萌发起点温度为 15℃，最适温度 20 ～ 25℃，在适温范围内，温度越高越有利于其发生；种子在土壤湿润至饱和条件下均可萌发，以土壤持水量 20% ～ 30% 最为适宜，水层会抑制萌发生长，低湿旱田及排水良好的稻田发生多；种子出土深度较浅，一般在 1 ～ 2 厘米土层内。千金子生长发育需较强的光照，移栽稻田封行早，透光不足，千金子出苗少。千金子生活力强，耐干旱、耐盐碱；繁殖力强，曲膝茎节着地后易生不定根，并长出新的植株。

【发生规律】 水稻直播田发生危害重于移栽田，单季稻直播田重于早稻直播田，双季晚稻移栽田重于早稻移栽田。早稻直播田的千金子主要在播后 1 ～ 3 周内发生，播后 2 周为出苗高峰；单季晚稻和双季晚稻直播田主要在播后 1 ～ 2 周内发生，播后 1 周为出苗高峰。直播稻田水稻播种后至稻苗 2 ～ 3 叶期，土壤处于湿润、无水层状态，有利于千金子萌发出苗。千金子出苗及叶片生长比水稻秧苗快 1 ～ 2 叶，前期生长量小，后期生长快，分生出大量匍匐茎，且株高超过水稻，对光、水、肥竞争力强。千金子种子在水稻收割期大部分已成熟落田，成为翌年主要草种来源。

【绿色防控技术】

**1. 农业防治。** 水稻栽种前二次翻耕，第一次翻耕后排水晒田，促进萌发；7 ～ 10 天后灌水封草。在千金子种子成熟前割穗并带出田外，减少种子成熟落田，压低翌年种源基数。

**2. 科学用药。** 直播稻田在播种后 2 ～ 4 天，用 500 克/升丙草胺乳油 60 ～ 70 毫升/亩兑水喷雾或拌土撒施，药后保持田间湿润、无积水；移栽稻田在移栽后 5 ～ 7 天，用 500 克/升丙草胺乳油 60 ～ 70 毫升/亩毒土撒施，施药后保持浅水层 5 ～ 7 天，进行土壤封闭处理。千金子 2 ～ 3 叶期，排干田水，用 20% 氰氟草酯可分散油悬浮剂 30 ～ 35 毫升/亩或 60 克/升五氟·氰氟草可分散油悬浮剂 100 ～ 165 毫升/亩（兼治一年生阔叶杂草及莎草）兑水茎叶喷雾，药后1～3天复水，保持浅水层5～7天，4叶以上药剂防效显著降低，必须严格掌握适时用药。

**3. 注意事项。**农药废弃包装物勿随意丢弃，要集中存放，回收后作无害化处理，净化农田生态环境。

# 稗　　草

【学名】　*Echinochloa crusgalli*（L.）Beauv.

【分布与危害】　广泛分布于衢州各地。生长于稻田、沼泽、沟渠旁、低洼荒地，对水稻、玉米、豆类、蔬菜等作物都有危害，是水稻田最主要的恶性杂草。

【形态特征】　须根系。株高50～130厘米，茎丛生，直立，基部膝曲或倾斜，光滑无毛。叶片条形，无毛；叶鞘光滑，疏松包茎，无叶舌、叶耳。圆锥花序主轴具角棱，粗糙；小穗密集于穗轴的一侧，具极短柄或近无柄；小穗有2朵花，长约3毫米，具硬疣毛；颖具3～5脉，第1颖三角形，长为小穗的1/3～1/2，第2颖先端具小尖头，脉上具刺状硬毛，脉间被短硬毛；外稃草质，与内稃等长，粗糙。颖果卵形，米黄色（图3-2）。

图3-2　稗草

【生长习性】　一年生。花果期7—10月。种子有休眠特性，成熟后进入休眠期，春季平均气温达10℃以上即能萌发，6月中旬抽穗开花，下旬种子成熟，成熟期一般早于水稻；种子萌发的最适温度为 20～25℃，10℃以下、45℃以上不能萌发；土壤中残留的草种 5—9 月均可萌发，7—8 月萌发的稗草 35 天左右即可开花结实。种子生存能力强，在旱田中可存活 2～3 年，水田中可存活 5～7 年；适应力强，在水、旱田均可生长，土壤湿润、无水层时，利于种子萌发；繁殖力强，一株稗草可分蘖 10～100 多个，结实可达600～1000 粒。土深 8 厘米以上的种子不能萌发，0～3 厘米土层出苗率高。

【发生规律】　水稻直播田发生危害重于移栽田，杂交稻田稗草发生量明显少于常规稻田。直播稻田水稻播种后至稻苗 2～3 叶期，土壤处于湿润、无水层状态，利于稗草萌发出苗，在播种后 7 天左右达出苗高峰；移栽田秧苗返青期保有水层，不利于稗草出苗，移栽后 7～10 天出现第一次高峰，15～20 天出现第二次高峰。稗草前期生长量小，到 4～5 叶期生长迅速，分蘖快、植株高，对肥水吸收量超过水稻；种子在水稻收割前成熟落田，成为翌年主要草种来源。

【绿色防控技术】

**1. 农业防治。**水稻栽种前二次翻耕，第一次翻耕后排水晒田，促进萌发；7～10 天后灌水封草。在稗草种子成熟前割穗并带出田外，减少种子成熟落田，压低翌年种源基数。

**2. 科学用药。**直播稻田在播种后 2～4 天，用 500 克/升丙草胺乳油 60～70 毫升/亩兑水喷雾或毒土撒施，药后保持田间湿润、无积水；移栽稻田在移栽后 5～7 天，用 500 克/升丙草胺乳油 60～70 毫升/亩毒土撒施，施药后保持浅水层 5～7 天，进行土壤封闭处理。稗草 2～3 叶期，排干田水，用 25% 二氯喹啉酸悬浮剂 60～100 毫升/亩、20% 氰氟草酯可分散油悬浮剂 30～35 毫升/亩或 5% 五氟磺草胺可分散油悬浮剂 20～40 毫升/亩（兼治一年生阔叶杂草及莎草）兑水茎叶喷雾，药后 1 天复水，保持浅水层 5～7 天。

**3. 注意事项。**农药废弃包装物勿随意丢弃，要集中存放，回收送作无害化处理，净化农田生态环境。

# 异型莎草

【学名】 *Cyperus difformis* Linn.

【分布与危害】 衢州各地均有分布。生长于稻田或水边潮湿处，主要危害水稻和低湿地旱作物。

【形态特征】 须根系。株高 5 ～ 50 厘米，茎丛生，扁三棱形，平滑。叶片条形，基生，短于茎，宽 2 ～ 5 毫米，平展或折合；叶正面中脉处具有纵沟，背面突出成脊；叶鞘稍长，淡褐色，有时带紫色。苞片叶状，2 ～ 3 枚，长于花序。聚伞花序简单，少数为复出；穗生于花序伞梗末端，密集成头状，直径 5 ～ 15 毫米；小穗披针形，长 2 ～ 5 毫米，具 8 ～ 12 朵小花；鳞片排列疏松，膜质，近于扁圆形，顶端圆，长不及 1 毫米，中间淡黄色，两侧深红紫色或栗色，边缘白色透明，具 3 条不很明显的脉。雄蕊 2 枚，少数 1 枚，花药椭圆形，药隔不突出于花药顶端；花柱短，柱头 3 个。小坚果三棱状倒卵形，几与鳞片等长，淡黄色，表面具微突起（图 3-3 ）。

图 3-3 异型莎草

【生长习性】 一年生。花果期 6—10 月，小坚果 8 月起逐渐成熟落地，经冬季休眠后于适宜条件下萌发。种子萌发的起点温度为 15℃，最适温度 30 ～ 40℃；种子在淹水及饱水的条件下才能发芽，湿润及干燥均不萌发；土表的种子易于萌发，发芽的土层深度一般在 1 厘米以内。生活周期较短，一般 2 ～ 3 月即可完成，但由于种子发芽条件严格，当年的种子一般不会萌发。

【发生规律】 种子小而轻、繁殖量大，随风、水、作物种子或动物活动传播、扩散，易造成严重危害。生长期需要充足的水分、养料和光照，水肥充足的稻田发生危害重于干干湿湿的田块。水稻直播田在播种后 15 天左右达出苗高峰。

【防治方法】

**1. 农业防治。**精选种子，勿使杂草种子进入稻田；在杂草萌发后或生长时期，结合农事活动进行人工拔除或机械铲除。

**2. 科学用药。**直播稻田在播种后 2 ～ 4 天，用 500 克／升丙草胺乳油 60 ～ 70 毫升／亩兑水喷雾或毒土撒施，也可在播种前 1 天或水稻 1 叶 1 心期，用 15% 噁嗪草酮可分散油悬浮剂 18 ～ 22 毫升／亩瓶甩施药或兑水喷雾，药后 2 周内保持田间湿润、无积水；移栽稻田在移栽后 5 ～ 7 天，用 20% 乙草胺可湿性粉剂 35 ～ 50 毫升／亩或 60% 丁草胺水乳剂 90 ～ 150 毫升／亩毒土撒施，也可用 15% 噁嗪草酮可分散油悬浮剂 18 ～ 22 毫升／亩瓶甩施药或兑水喷雾，施药时田间有浅水层，药后保水 5 ～ 7 天，进行土壤封闭处理。

**3. 注意事项。**农药废弃包装物勿随意丢弃，要集中存放，回收送作无害化处理，净化农田生态环境。

# 矮　慈　姑

【学名】 *Sagittaria pygmaea* Miq.

【分布与危害】 衢州各地均有分布。生长于水田、沼泽、沟溪浅水处，是稻田恶性杂草。

【形态特征】 株高 5 ～ 12 厘米。须根发达，有地下根茎，顶端膨大成小形球茎。叶片条形，少数披针形，长 6 ～ 14 厘米，宽 3 ～ 8 毫米，基生；纵脉 3 ～ 5 条，基出，平行，其间横脉多数，

图 3-4　矮慈姑

与纵脉正交。花单性，雌雄同株，排成疏总状花序；苞片长椭圆形或卵形，长 2 毫米；花序梗直立，长 6 ～ 20 厘米，花序长 4 ～ 5 厘米，花 2 ～ 3 轮，每轮有花 2 ～ 3 朵；雌花通常 1 朵，无花梗，居下轮；雄花 2 ～ 5 朵，具有长 1 ～ 2.5 厘米的细梗；雄蕊通常 12 枚，花丝宽、短，花药长椭圆形；花柱顶生或侧生，柱头小。瘦果宽倒卵形，长 3 毫米，宽 4 ～ 5 毫米，扁平，两侧具有薄翅，有鸡冠状锯齿，常多数聚合成头状的聚合果（图 3-4）。

【生长习性】　一年生，偶多年生。花果期 7—11 月。球茎无休眠期，在淹水条件下，即能萌发长出新的植株，苗后 50 ～ 60 天开始形成新的球茎。球茎萌发的起点温度为 10℃，最适温度 25 ～ 30℃，最高 30 ～ 35℃。萌发出苗的土层深度与土壤含水量关系较大，在土壤水分饱和的条件下出苗深度可达 10 厘米，淹水条件下可达 15 厘米；出苗深度与球茎大小亦有关，直径 0.3 厘米以下，出苗深度为 0 ～ 4 厘米，4 ～ 8 厘米出苗困难，深于 8 厘米不能出苗；直径 0.5 厘米以上，出苗深度可达 12 厘米。种子具休眠期，萌发迟于球茎，6 月上旬始苗。矮慈姑具有很强的耐阴性，在水稻封行后仍能大量发生，正常生长并不断产生新的分株。球茎不耐干旱，在土表暴晒 2 ～ 3 天即丧失发芽力；耐低温，-5 ～ -6℃仍可保持发芽力；球茎在土层中分布较浅，深埋土中易丧失发芽力。

【发生规律】　以球茎和种子繁殖，种子萌发的幼苗抗逆性较弱，球茎萌发的幼苗因母体粗大、根系发达，抗逆性强；球茎萌发不像种子萌发集中在一段较短的时间，而是陆续萌芽；一个球茎出

1 苗，少数出 2 苗以上，具有 2 个潜伏芽，一般顶芽萌发出苗，顶芽受损后侧芽会萌发出苗。在生长初期，球茎繁殖苗的生物量和高度增长速度大于种子繁殖苗；在生长中期，种子繁殖苗的生长速度大于球茎繁殖苗；在生长后期，种子繁殖苗与球茎繁殖苗的生物量、高度增长速度接近。矮慈姑多发生于单季晚稻和双季晚稻田，以灌水条件好、施肥水平高的田块危害重。

【绿色防控技术】

**1. 农业防治。** 水稻栽种前深翻压草；在杂草萌发后或生长时期，结合农事活动进行人工拔除或机械铲除。

**2. 科学用药。** 直播稻田在播种后 2～4 天，用 500 克/升丙草胺乳油 60～70 毫升/亩兑水喷雾或毒土撒施，药后保持田间湿润、无积水；移栽稻田在移栽后 5～7 天，用 500 克/升丙草胺乳油 60～70 毫升/亩毒土撒施，施药后保持浅水层 5～7 天，进行土壤封闭处理。矮慈姑 3～4 叶期前，排干田水，用 3% 氯氟吡啶酯乳油 40～80 毫升/亩或 480 克/升灭草松水剂 150～200 毫升/亩兑水喷雾，药后 2 天复水，保持浅水层 5～7 天。

**3. 注意事项。** 农药废弃包装物勿随意丢弃，要集中存放，回收送作无害化处理，净化农田生态环境。

# 鸭 舌 草

【学名】 *Monochoria vaginalis*（Burm. f.）Presl ex Kunth.

【分布与危害】 衢州各地均有分布。生长于稻田、沟渠旁、浅水池塘等水湿处，是稻田中后期为害的主要杂草。

【形态特征】 根状茎短，生有须根。株高 10～30 厘米，茎直立或斜升，全株光滑无毛。叶片形状、大小不一，宽卵形、长卵形至披针形，长 2～7 厘米，宽 0.5～6 厘米，基部圆形或浅心形，顶端渐尖，全缘，具有弧状脉；叶柄长 10～20 厘米，基部成长鞘。总状花序生于枝上端叶腋，有花 2～10 朵，花序梗 1～1.5

图 3-5 鸭舌草

厘米。花被片6片，披针形或卵形，1～1.5厘米，蓝色略带红色。雄蕊6枚，其中1枚较大，花药长圆形，花丝丝状。蒴果卵形，长1厘米，顶端有宿存花柱。种子长圆形，长1毫米，灰褐色，表面具有纵沟（图3-5）。

【生长习性】 一年生。花期6—9月，果期7—10月。种子休眠期较长，次年早春解除；种子萌发的起点温度为13～15℃，最适温度20～25℃，变温有利于萌发，30℃以上萌发受到抑制；只能浅层萌发，以0～1厘米土层中萌发最好，2厘米以下土层中不能萌发。萌发、生长需较高水分，在土壤水分超饱和或有薄水层的条件下生长最好。鸭舌草生长条件与矮慈姑相似，喜水、喜肥、耐阴、怕干旱；根状茎有较多的潜伏芽，具有较强的再生力。

【发生规律】 主要依靠种子繁殖，也可通过根状茎进行无性繁殖。蒴果成熟后，果皮反卷开裂弹出种子，或蒴果落入水中随水流传播。在水分饱和状态下种子可存活2年以上，在干燥土壤中存活1～2年；土层2～3厘米以下寿命较长，土表种子寿命较短。鸭舌草叶片大而薄，在稻田中漫射光照条件下能正常生长，但过于荫蔽或直射光照过强时不利于生长，田边鸭舌草生长量、结实率高于田中荫蔽处。6月下旬至7月上旬生长最为迅速，灌排条件好、施肥量大的田块危害重。

【绿色防控技术】 参见矮慈姑防治。

# 空心莲子草

【学名】 *Alternanthera philoxeroides*（Mart.）Griseb.

【分布与危害】 衢州各地均有分布。生长于农田、荒地、沟渠、河道等处，根系发达，地上部分繁茂，在稻田中生长会与水稻争夺水分、肥料，造成严重减产。

【形态特征】 根系属不定根系，茎节能生根。具有水生型和陆生型两种生态类型，陆生植株的不定根发育形成肉质贮藏根，直径1厘米。茎基部匍匐、上部伸展，中空，有分枝，节腋处疏生细柔毛。叶对生，长圆状倒卵形或倒卵状披针形，长2.5～5厘米，宽0.7～2厘米，顶端圆钝，有芒尖，基部渐狭，全缘，两面无毛或上面有伏毛。头状花序单生于叶腋，具有长1.5～3厘米花序梗，10～20多朵白色或略带粉红色的小花集生；苞片卵形，长2～2.5毫米；花被5片，长圆形，长5～6毫米，宽2～3毫米，背部侧扁，膜质，白色有光泽；雄蕊5枚，花丝长3毫米。胞果扁平；种子透镜状，种皮革质，胚环形（图3-6）。

图3-6　空心莲子草

【生长习性】 多年生。水生型萌发起点温度为8.5℃，陆生型9.5℃开始萌发，平均气温10.5℃时已普遍出苗；21℃左右生长迅速，叶面积急剧扩大，但节间数并不增多。土壤含水量在10%以下生长较差，水分越多长势越好；在深水、浅水、死水、活水中均能正常生长，但浅水、活水中生长更好。适应性强，耐寒、耐旱、耐贫瘠，能耐受35℃高温、0℃低温，从沙土到重黏土的土壤中都能生长。繁殖力强，一节匍匐茎或根状茎都可以存活并萌发长出新植株；断裂的茎随水流扩散，短时间内就可形成稳定的群落。

【发生规律】 以根茎进行繁殖，田间很少见实生苗。水生型3月即能萌发生长出一定量的植株，4—10月均可大量繁殖，能迅速蔓延整片水域，形成优势种群；陆生型新芽萌发期比水生型迟，一般在4—5月。花期长，4—11月均能开花。温度是影响生长的最重要因子，夏季为发生高峰期。

【绿色防控技术】

**1. 农业防治**。加强田间管理，在空心莲子草幼苗期人工拔除或机械铲除，挖干净土壤中残留茎节，集中晒干烧毁。

**2. 科学用药**。杂草2～5叶期，用288克/升氯氟吡氧乙酸异辛酯乳油55～75毫升/亩兑水茎叶喷雾。

**3. 注意事项**。农药废弃包装物勿随意丢弃，要集中存放，回收送作无害化处理，净化农田生态环境。

# 李 氏 禾

【学名】 *Leersia hexandra* Swartz.

【分布与危害】 衢州各地均有分布。生长于水田、沟渠旁、浅水池塘等积水湿地，是稻田恶性杂草。

【形态特征】 须根系，具有地下根茎。株高60～90厘米，茎基部匍匐，节上生多分枝的须根；上部直立，直径1.0～2.5毫米，节上生有环状白色绒毛。叶鞘短于节间，多平滑；叶舌膜质，长1～3毫米，先端截平，基部两侧下延与叶鞘边缘愈合；叶片披针形，长5～15厘米，宽4～10毫米，粗糙，中脉白色，叶脉及叶缘具倒生绒毛。圆锥花序长12～20厘米，分枝细，具棱角，直立或斜升；小穗矩圆形，长 6～8 毫米，具 0.5～2.0 毫米小柄，草绿色或带紫色，含 1 朵小花；外稃 5 脉，脊和两侧具刺毛；内稃具3 条脉，中脉上有刺毛；雄蕊 6 枚，花药长 3 毫米。颖果细长，棕黄色（图 3-7）。

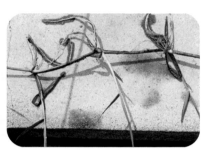

图 3-7　李氏禾

【生长习性】　多年生。气温稳定至 12℃，种子和根茎发芽；一般 4—5 月出苗，5—6 月分蘖，6 月拔节，7—8 月抽穗、开花、颖果成熟。种子成熟早于水稻，边成熟边脱落。具有趋水性，生于水边者通常都向水中伸展，中下部斜卧，覆盖于水面，上部挺起，开花结实。繁殖能力较强，大约每株可生 8～14 个分蘖，每穗可结 150～250 粒种子。

【发生规律】　以根茎和种子繁殖，种子发芽率低，繁殖源主要来自根茎；种子可借风力或水流传播，根茎可通过耕作在稻田蔓延。生长前期生长速度较慢，随着气温上升生长加速，进入 4 叶期后株高超过水稻。

【绿色防控技术】

**1. 农业防治。** 秋翻整地，清除田间根茬，压低翌年发生基数；水稻栽种前深翻压草，生长期结合农事活动进行人工拔除或机械铲除。

**2. 科学用药。** 翻耕前一周用 41% 草甘膦异丙胺盐 200～400毫升 / 亩兑水茎叶喷雾杀灭老草。

**3. 注意事项。**农药废弃包装物勿随意丢弃，要集中存放，回收送作无害化处理，净化农田生态环境。

# 丁 香 蓼

【学名】 *Ludwigia prostrata* Roxb.

【分布与危害】 衢州各地均有分布。生长于水田、河滩、沟溪旁、水湿处，灌水条件好、土壤保水性能好的稻田危害较重。

【形态特征】 株高 25～60 厘米，茎近直立，下部圆柱状、上部四棱形，淡红色，多分枝，无毛或疏被短毛。叶互生，叶片狭椭圆形，长 3～9 厘米，宽 1.2～2.8 厘米，先端渐尖，基部狭楔形，无毛或脉上疏生微柔毛，叶柄长 5～18 毫米。萼片 4 枚，三角状卵形至披针形，长 1.5～3 毫米，宽 0.8～1.2 毫米，无毛或脉上疏生微柔毛；花瓣黄色，匙形，长 1.2～4 毫米，宽 0.4～0.8 毫米；雄蕊 4 枚，花丝长 0.8～1.2 毫米；花药扁圆形，宽 0.4～0.5 毫米；花柱长约 1 毫米，柱头近卵状或球状，直径约 0.6 毫米。蒴果四棱形，长 1.2～2.3 厘米，宽 1.5～2 毫米，淡褐色，无毛，熟时迅速不规则室背开裂，果梗长 3～5 毫米。种子呈一列横卧于每室内，里生，卵状，长 0.5～0.6 毫米，宽约 0.3 毫米，表面有横条排成的棕褐色纵横条纹（图 3-8）。

图 3-8　丁香蓼

【生长习性】 一年生。花期 6—7 月，果期 8—9 月。种子具休眠特性，在冬季低温时休眠解除；萌发的最适温度为 20～30℃，偏高或偏低不利萌发；土壤水分饱和至薄水萌发最好，水层 2～3 厘米尚能萌发，10 厘米以上水层或干旱条件下不能萌发；种子出土深度较浅，1 厘米土层内能顺利出苗，1 厘米以下土层萌发少。高大、分枝多、接受光照强的植株结实率高，水稻行间生长矮小的植株结实率较低甚至不能结实。

【发生规律】 种子细小，蒴果开裂后落入田间，随水流传播。在灌水充足、土壤保水性能好的稻田发生危害重于长期干干湿湿、经常脱水的稻田。萌发、生长需一定光照，田间丁香蓼植株高矮相差较大，在秧田小苗阶段、移栽大田封行前发生较多，秧田大苗期、移栽稻田封行后即很少出苗，田边及水稻栽插前期发生的丁香蓼生长较快，株高可与水稻同步增长，发生较迟的在稻田封行后长势越来越差。丁香蓼具有较强的再生力，在地上茎叶折断后，基部节上可生出须根，长出新的植株。

【绿色防控技术】

**1. 农业防治**。水稻栽种前深翻压草；在杂草萌发后或生长时期，结合农事活动进行人工拔除或机械铲除。

**2. 科学用药**。直播稻田在播种后 2～4 天，用 500 克/升丙草胺乳油 60～70 毫升/亩兑水喷雾或毒土撒施，药后保持田间湿润、无积水；移栽稻田在移栽后 5～7 天，用 500 克/升丙草胺乳油 60～70 毫升/亩毒土撒施，施药后保持浅水层 5～7 天，进行土壤封闭处理。杂草 2～5 叶期，用 3% 氯氟吡啶酯乳油 40～80 毫升/亩茎叶喷雾或 10% 苄嘧磺隆可湿性粉剂 15～25 毫升/亩毒土撒施，保持浅水层 5～7 天。

**3. 注意事项**。农药废弃包装物勿随意丢弃，要集中存放，回收送作无害化处理，净化农田生态环境。

# 第四章　水稻主要病虫草害绿色防控技术

　　衢州市地处浙江省西部，以低山丘陵为主，海拔在33～1500.3米，水稻是浙西地区的主要粮食作物，多为单双季稻混栽。近年来，由于气候变化、种植结构调整、农业机械化程度提高等因素的影响，水稻病虫草害发生日趋复杂，暴发性、灾害性病虫重发频率增加，病虫草害发生种类多，危害重，防控难度大。同时，由于水稻生产者文化素质不一，如有的生产者对病虫草害的防控仍采取以化学防治的方法为主，乱用、滥用农药的现象仍较普遍，使得农药用量加大、农业生态破坏、水土污染加剧、病虫草抗药性产生快、病虫草控制难度加大、粮食质量安全得不到保障。应大力推广切合衢州山地实际、操作性强、高效简便，综合生态调控、生物防治、理化诱控和科学用药的水稻病虫草害绿色防控技术，控制病虫草为害，保障农业可持续绿色发展。

## 一、技术模式

### （一）数字测报

　　通过安装远程智能测报仪、远程数字化二化螟性诱测报仪器、二化螟干式性诱捕器等监测设备，结合专业人员田间调查，开展区域化系统测报，减少测报工作的劳动强度，提高测报水平，达到对病虫草害的精准预测和预报。

### （二）生态植保

　　以农业防治为基础，积极保护利用自然天敌，营造不利于病虫草害的生存环境，提高农作物抗病虫能力，在必要时科学使用化学农药，将病虫草危害损失控制在允许的经济阈值以下。保护农田生态系统，遵循自然规律，充分发挥生态系统自身对病虫草害的调控功能，最大限度制约病虫草害的发生为害，实现对病虫草害的有效控制和农业生产的可持续发展。

## 二、主要防控对象

病害：稻瘟病、水稻纹枯病、稻曲病、水稻细菌性病害、水稻烂秧病、水稻恶苗病、水稻病毒病、水稻胡麻斑病、水稻干尖线虫病。

虫害：稻飞虱、稻纵卷叶螟、水稻螟虫、稻蓟马、福寿螺。

草害：千金子、稗草、异型莎草、矮慈姑、鸭舌草、空心莲子草、李氏禾、丁香蓼。

## 三、关键防治措施

### （一）农业防治

（1）选用抗病虫品种。根据本地水稻主要病虫害及其发生特点，选用通过国家或地方审定并在当地示范成功的优质、高产、抗性好的水稻品种，创造不利于病虫的寄主条件，控制病虫发生危害。

（2）降低虫源基数。单双季稻混栽区提倡集中连片种植，尽量避免插花种植，减少二化螟桥梁田；提倡低茬收割，晚稻收获时尽量降低稻桩高度，有条件的开展秸秆粉碎，减少越冬虫害；大力推广灌水翻耕杀蛹（图4-1），在越冬代螟虫化蛹高峰期（一般在3月下旬到4月中旬）统一翻耕冬闲田、绿肥田，并灌深水浸没稻桩（低茬收割或粉碎稻桩的稻田，也可直接灌深水淹没稻桩）7～10天，降低虫源基数。我们在龙游县红专粮油专业合作社作为示范主

图4-1 灌水翻耕杀蛹

体进行"灌水杀蛹"技术示范，通过连续多年的"灌水杀蛹"技术措施的实施，使冬后虫源基数明显减低，田间发蛾相对较为集中，田间低龄幼虫较为整齐，防治适期准，防效好，从而一代发生程度、危害也大大减轻。

示范主体在每年3月下旬，越冬二化螟老熟幼虫将陆续开始化蛹时，对空闲田及早灌深水10厘米以上，持续7～10天，灌水淹死大部分高龄幼虫和蛹。而附近农户自防区，田间发蛾时间长，在常规农药防治的情况下，一次防治难以控制在危害允许范围内，一般要比"灌水杀蛹"示范区多喷药1次，而且第二次补治时，由于田间虫态不整齐，高龄虫比例增加，往往需要加大农药剂量，这正是害虫抗性产生的原因之一。

（3）做好健身栽培。在施用有机肥的基础上，化肥的使用遵循"控氮、增磷钾"原则。根据不同水稻品种、目标产量和地力水平，确定总施肥量及氮磷钾比例、用量，避免偏施氮肥，增施磷钾肥。结合水稻不同生育期的需肥规律，施足基肥，早施分蘖肥，巧施穗粒肥，促进水稻健壮生长，提高抗逆性。科学的水浆管理能促进水稻健壮生长，增强抗病虫能力，抑制纹枯病、稻飞虱、杂草等病虫草的发生。移栽返青期，实行寸水护苗、控虫、控草；分蘖期浅水勤灌，干湿交替促分蘖，够苗及时搁田，控制无效分蘖；孕穗至齐穗期保持浅水层；灌浆结实期间歇灌溉、干湿交替，忌过早断水。另外，白叶枯病、细条病发生区，避免漫灌、串灌，尤其是台风暴雨过后应及时排涝，严防大水淹田，减轻病害扩散蔓延。

（二）生态调控

（1）种植诱虫植物（图4-2）。在稻田机耕路两侧种植诱虫植物香根草，丛距3～5米，诱集螟虫成虫产卵，减少螟虫在水稻上的着卵量，减少对水稻的危害。2010 年始，将衢江区山沿家庭农场作为示范主体，建立田埂种植香根草诱杀二化螟示范田 1200 亩，在稻田四周和中间加宽田埂上，香根草以 1 米间隔种植，对二化螟有很好的诱杀效果，其发挥作用距离可超过 20 米。加强对香根草的培育管理，每年春季进行一次全面修剪，并施以氮磷钾复合肥，结果显示香根草能有效减轻二化螟的危害率，种植密度越大，作用距离越近，其诱杀效果越强。

图 4-2 田埂种植香根草诱杀二化螟

（2）田埂留草或种植显花植物。在田埂保留禾本科杂草，或种植芝麻、大豆或撒种草花等显花植物（图 4-3，图 4-4），为天敌提供食料和栖息地，更好发挥稻田生态系统的自然控制作用。近年来，我们在衢州市常山县金川街道清湖畈、衢州市常山县球川镇三里江畈、衢州市衢江区莲花镇东湖畈村、衢州市衢江区云溪乡贺邵溪徐家畈、衢州市江山长台镇华峰村、衢州市开化县长虹乡虹桥

图 4-3 田埂种植显花植物

图 4-4 田埂种植大豆

村、衢州市龙游县塔石镇泽随村开展最美绿色防控示范区建设，通过示范区机耕路两侧种植波斯菊、硫华菊等显花蜜源植物、香根草合理分布在成片的稻苗中、田埂留草等生态防控，花艳稻香，田园景色美丽，景观创意突出，园区风光宜人。

（3）建立天敌庇护所。有条件的区域，在田畈中划定一定面积的休闲田或小池塘作安全岛，种花留草保护稻田生态系统的生物多样性，为蜘蛛、黑肩绿盲蝽、青蛙等害虫天敌提供栖境、替代寄主、食料和繁育场所，增加天敌的种群数量，维持天敌种群稳定增长。2015 年始，衢州市龙游县振豪水稻绿色防控示范区在大畈头建设生态沟渠 3 070 米，包括生态沟渠的挖掘、水系调控阀门安装、修筑及维护等农艺措施配套建设，建成生态藕塘 20 亩，通过建设生态藕塘（图 4-5）种植花期持久的莲子，配以在田埂上种植菊科植物、香根草、芝麻、大豆等诱虫及蜜源植物，为天敌昆虫及有益两栖动物青蛙提供栖息场所，提高田间生物多样性，恢复田间生态，提高田间的自我调节、抗逆能力，从而促进农作物安全生产，减少化学农药使用量，建设"资源节约，环境友好"型农业。

（4）稻田养鸭。在水稻移栽后 15 天，将 15～20 天的雏鸭放入稻田，每亩放鸭 12～15 只，待水稻齐穗时收鸭。通过鸭子的取食活动，减轻纹枯病、福寿螺、稻纵卷叶螟、稻飞虱和杂草等病虫草的发生为害。2014 年始，我们将常山县清明植保专业合作社作为示范主体，其金川街道新建村 560 余亩水稻田曾经福寿螺严重危害，通过 3 年以上在福寿螺危害稻田田埂上搭建鸭棚，每亩养殖水鸭 20 只，田间一些体积大的福寿螺在田间作业时，人工集中捡到田

图 4-5　生态藕塘

边，由人工统一轧碎喂鸭，一些体积小的福寿螺通过放养成鸭吃食控制，连续养殖 3 年后至今，田间福寿螺已基本消灭，达到农业生态防治的目标。

（5）稻鱼（鳖）共生。稻田开挖养鱼沟，一般在水稻插秧后7 ～ 10 天即秧苗返青后，投放适量鲤鱼、草鱼等鱼苗，每亩投放1000 尾左右，待水稻开始黄熟时即可排水捕鱼。通过鱼的取食活动，减轻稻瘟病、稻飞虱、稻叶蝉和杂草等病虫草的发生为害。龙游县龙洲街道岑山村现代农业园区作为示范主体，建立稻田养鱼示范田 200 亩，在养鱼稻田四周田埂 80 ～ 100 厘米的地方开挖环田鱼沟，并根据田块大小再开挖"十"字、"井"字形中心鱼沟，鱼沟深 30 厘米，宽 40 厘米，同时在靠近进水口的田角或田中心挖一个深一米，面积为 3 ～ 5 平方米大的鱼坑，以备鱼栖息。稻田养鱼以鲤鱼为主和草鱼为辅，每亩可养 60 条。根据田间调查，单季稻稻田养鱼，可有效降低稻飞虱、二化螟、纹枯病为害，并可基本控制本田期萌生稗草、牛毛毡、矮慈姑等多种杂草（图 4-6）。

图 4-6　稻鱼（鳖）共生

**（三）理化诱控**

（1）杀虫灯诱杀。按照棋盘式连片布局，每 30 ～ 50 亩安装一盏频振式杀虫灯，杀虫灯底部距离地面 1.5 米，并根据病虫监测数据决定开灯与否。在害虫成虫盛发期，于日落后至翌日日出前开灯，诱杀二化螟、稻纵卷叶螟、稻飞虱等害虫（图 4-7）。当虫害发生为害在经济阈值以下时，不提倡使用该项技术，以免对害虫天敌和非目标昆虫造成大量杀伤。

（2）性诱剂诱捕（图4-8）。从越冬代二化螟成虫羽化始期开始，全程应用二化螟性诱剂诱捕雄性成虫。大面积连片使用，平均每亩1个诱捕器，在稻田四周田埂边放置诱捕器。诱捕器放置高度为诱捕器底部高于水面50～80厘米，选用持效2个月以上的长效诱芯和干式飞蛾诱捕器，诱芯每隔60天更换1次。

图4-7　杀虫灯诱杀

图4-8　性诱剂诱捕

### （四）生物防治

释放赤眼蜂。在具备良好稻田生态环境条件下，于稻田二化螟、稻纵卷叶螟成虫始盛期释放稻螟赤眼蜂或螟黄赤眼蜂（图4-9），间隔5天释放1次，每代视虫情释放2～3次。每亩每次释放1万头，每亩设置5～8个释放点，释放点间隔10～12厘米，放蜂高度以分蘖期蜂卡高于植株顶端

图4-9　赤眼蜂卵卡

5 ～ 20 厘米，穗期低于植株期顶端 5 ～ 10 厘米为宜。

**（五）科学用药**

根据田间病虫草害发生为害情况，病害坚持预防为主，虫害坚持达标防治，草害坚持控前、控小、控早原则，结合水稻生育期、天气等因素，确定是否采取药剂应急防控措施。用药防治优先选用生物农药进行防控，在非化学防治手段难以达到理想效果时，采取化学农药防治。针对水稻不同生育期的主要病虫害，重点抓好秧苗期、分蘖期、孕穗期和破口抽穗期这几个关键时期的药剂防治；针对不同类型稻田杂草，结合农艺措施，采取"封杀结合"的化学除草策略，合理选择对口除草剂控制草害发生。

**1. 不同时期防控要求。**

苗期重点做好种子处理，药剂浸种、药剂拌种，移栽前带药下田，并做好分类除草，科学用药。大田重点抓好稻倒三叶抽生期和水稻剑叶抽出这两个关键节点的药剂防治。

（1）药剂浸种。药剂浸种预防恶苗病和干尖线虫病。使用 25% 氰烯菌酯悬浮剂 2000 倍液，即每毫升加水 2 升，充分搅拌后浸入干种子，干种子与药液的比例控制在 1∶1.3 左右，浸入稻种后再次搅拌均匀，捞去上浮秕谷，浸足 48 小时，直接催芽播种。单用氰烯菌酯效果不佳的，可用 25% 氰烯菌酯 +25% 咪鲜胺 2000 倍液浸种，即 25% 氰烯菌酯和 25% 咪鲜胺各 1 毫升加水 2 升，充分搅拌后浸入干种子。

（2）药剂拌种。采用药剂拌种能有效地控制苗期害虫，预防病毒病的发生，同时能减轻秧田的鼠害、雀害。浸种破胸露白后（图 4-10），捞起沥干，每千克稻种用 60% 吡虫啉悬浮种衣剂按常规稻每千克干种子拌 2 毫升（杂交稻 5 毫升）加 16 ～ 20 毫升清水制成液制进行手工拌种包衣，拌均匀，并阴干后播种；或用 35% 丁硫克百威干拌种剂，经催芽后播种前半小时每千克稻种用 1 包（9 ～ 12 克），拌匀后播种（图 4-11）。现拌现播，并保持秧板湿润。

图 4-10　浸种破胸露白　　　　　图 4-11　拌药后播种

（3）网（棚）室育秧。移栽的稻苗要求采用网室育秧和工厂化育秧，减轻秧苗期病虫为害。不仅有效降低稻飞虱、稻蓟马等虫害，减轻南方水稻黑条病等病毒病的发生；同时通过对秧苗调控合适的温度、湿度，有效避免低温导致水稻秧苗出现烂秧，提高秧苗的素质，培育壮苗。

（4）带药下田。重点防控大田前期白背飞虱、灰飞虱、二化螟，预防稻瘟病、细菌性病害等，药剂选择见后面防治药剂。

（5）分类除草、科学选药。在翻耕埋肥前 7～10 天，将播床地及播床地周围的杂草，采用 41% 草甘膦水剂 200 毫升 / 亩（淘汰 10% 剂型），或用 200 克 / 升草铵膦水剂 1500 毫升 / 亩，兑水 30 升喷雾，以消灭老草。翻耕后苗床除草应分类选好药剂。

半旱秧田、点直播、直播田：①选用 17.2% 哌·苄可湿性粉剂 200～250 克 / 亩，于播后当天或 3 天内兑水 40 升喷雾。②选用 40% 丙·苄可湿性粉剂。秧田 25～30 克 / 亩，直播田、点直播田 60 克 / 亩；或选用 20% 苄嘧·丙 草胺可湿性粉剂，直播田 100～150 克 / 亩，分别于播后 2～4 天内，兑水 40 升喷雾。③茎叶处理。选用 40% 氰氟草酯悬浮剂 50～100 毫升 / 亩，或 2.5% 五氟磺草胺油悬浮剂 40 毫升 / 亩（抗性区域慎用），于稗草、千金 1～3 叶期，排干田水，兑水 40 升喷雾，施药后 1 天灌水，并保水 5～7 天。

旱育秧田：播种盖土（不暴露种子）后，选用 17.2% 幼禾葆可湿性粉剂 200 克 / 亩或 60% 丁草胺乳油 75 毫升 / 亩，冲水 40 升喷雾。

抛栽田、小秧机插田：①选用 35% 丁·苄可湿性粉剂 80 克 / 亩，或 25% 丁·苄可湿性粉剂 150 ～ 200 克 / 亩，于抛栽、机插后 5 ～ 7 天拌肥料或细土均匀撒施，施药时田面保持平整并有浅水层 1 寸左右（以不淹没苗眼为度），施药后保水 5 ～ 7 天。②选用 38% 二氯·苄可湿性粉剂 40 ～ 50 克 / 亩，于抛栽后 5 ～ 12 天内，兑水 40 升喷雾。

人工大秧移栽田除草：在移栽后 5 ～ 7 天施药，药剂选用 20% 苄·乙 30 克 / 亩，拌尿素 7 ～ 8 千克均匀撒施，施药前田间先灌好水层 1 寸半左右，施药后保水 5 ～ 7 天。

（6）水稻倒三叶抽生期用药。主要防治稻纵卷叶螟、二化螟、纹枯病和稻飞虱等，药剂选择见后面防治药剂。

（7）水稻剑叶抽出期用药。主要预防稻瘟病、稻曲病、纹枯病、白背飞虱、褐飞虱、稻纵卷叶螟、螟虫等，药剂选择见下文"主要病虫防治药剂"。

（8）应急防控。若遇突发、重发病虫，按照达标防治的原则进行防治。

**2. 主要病虫防治药剂。**

（1）防治稻纵卷叶螟。可选用甘蓝夜蛾核型多角体病毒 20 亿 PIB/ 毫升悬浮剂 90 ～ 120 毫升 / 亩，或 10% 四氯虫酰胺悬浮剂 20 ～ 30 毫升 / 亩，或 15% 茚虫威乳油 10 ～ 20 毫升 / 亩，或 22% 氰氟虫腙悬浮剂 30 ～ 50 毫升 / 亩，或 20% 氯虫苯甲酰胺悬浮剂 12 ～ 15 毫升 / 亩等。

（2）防治二化螟。可选用苏云金杆菌菌粉 100 克 / 亩，或 6% 阿维·氯苯酰悬浮剂 40 ～ 50 毫升 / 亩，或 34% 乙多·甲氧虫酰肼悬浮剂 20 ～ 24 毫升 / 亩，或 10% 阿维·甲虫肼悬浮剂 40 ～ 60 毫升 / 亩等。

（3）防治白背飞虱。可选用70%吡虫啉水分散粒剂6克/亩，或25%噻虫嗪水分散粒剂8克/亩等。

（4）防治褐飞虱。可选用80%烯啶·吡蚜酮水分散粒剂12～15克/亩，或20%呋虫胺可溶粒剂20～40克/亩，或10%三氟苯嘧啶悬浮剂10～16毫升/亩等。

（5）防治纹枯病。可选用12%井冈·蜡芽菌水剂200～250毫升/亩，或32.5%苯甲·嘧菌酯悬浮剂30～40毫升/亩，或75%肟菌·戊唑醇水分散粒剂10～15克/亩，或24%噻呋酰胺悬浮剂18～23毫升/亩，或18%噻呋·嘧苷素悬浮剂30～40毫升/亩等。

（6）防治稻曲病。可选用30%苯甲·丙环唑乳油20毫升/亩，或75%肟菌·戊唑醇水分散粒剂10～15克/亩，或75%戊唑·嘧菌酯悬浮剂15～20毫升/亩，或40%咪铜·氟环唑悬浮剂20～30毫升/亩等。

（7）防治细菌性病害。可选用5%噻霉酮悬浮剂35～50毫升/亩，或20%噻唑锌悬浮剂100～125毫升/亩，或20%噻菌铜悬浮剂100～130毫升/亩等。

（8）防治稻瘟病。可选用75%三环唑水分散粒剂20～30克/亩，或40%稻瘟灵可湿性粉剂100克/亩，或6%春雷霉素水剂30毫升/亩，或9%吡唑醚菌酯微囊悬浮剂60毫升/亩等。

**3. 构建良好农田生态。**

（1）积极开展智慧植保，降低农药使用量。我们在衢州市各区域监测点均安装有远程智能测报仪器、远程数字化二化螟性诱测报仪器、二化螟干式性诱捕器，由专职人员进行监测数据收集校对，应用"互联网+""物联网+""人工智能"等先进技术，建立完备的智慧植保测报系统，提高病虫草害综合、精准测报水平（图4-12）。大力推广无人机等先进植保器械（图4-13），通过统防统治、绿色防控技术，精准防治，少用药，用好药，把智慧植保与降低农药使用、保护农业生态环境融为一体。

图4-12 远程智能测报仪器

图4-13 植保无人机防治病虫

（2）大力推广绿色植保，减少农药施用次数。通过生态沟渠等农艺配套设施建设以及安装二化螟干式性诱捕器，开展田间物理防治，采用灌水杀蛹及性诱剂诱杀技术治理二化螟、采用水系调控技术治理稻飞虱等，通过物理防治技术控制田间虫量，达到减少农药施用次数、保护环境的目标。

（3）全域覆盖生态植保，减少农业面源污染。衢州市自2015年启动农药废弃包装物回收和集中处置工作以来，建成了覆盖全市域的村级回收点—乡镇回收站—县级归集中心的农药废弃包装物回收网络（图4-14），基本形成市场主体回收＋专业机构处置的回收处置模式，全域覆盖农药废弃包装物回收处置，不断洁化、绿化、美化田园，构建良好农田生态。

图 4-14　农药废弃物回收处理

# 参考文献

陆剑飞，谢子正，黄世文，2020. 主要病虫预测预报及综合防治 [M]. 杭州：浙江科学技术出版社 .

洪剑鸣，张左生，徐强，等，1984. 浙江水稻病虫害防治 [M]. 杭州：浙江科学技术出版社 .

洪晓月，丁锦华，2007. 农业昆虫学 [M]. 北京：中国农业出版社 .

侯明生，黄俊斌，2014. 农业植物病理学 [M]. 北京：科学出版社 .

徐南昌，莫小荣，张晨光，等，2013. 衢州水稻病虫害绿色防控技术集成示范 [J]. 浙江农业科学（11）：1434–1437.

徐正浩，周国宁，戚航英，等，2016. 浙大校园野草野花 [M]. 杭州：浙江大学出版社 .

中国科学院中国植物志编辑委员会，2004. 中国植物志 [M]. 北京：科学出版社 .

# 附 录

ICS 65.020

备案号:

# DB3308

# 浙 江 省 衢 州 市 地 方 标 准

DB3308/T 051—2018

# 水稻病虫草害绿色防控技术规范

2018—12—07 发布　　　　　　　　　　　　　2018—12—31 实施

衢州市质量技术监督局　发布

# 前　言

本标准按GB/T 1.1-2009《标准化工作导则》的规则起草。

本标准为推荐性标准。

本标准由衢州市农业局提出并归口。

本标准起草单位：衢州市植物保护检疫站、常山县植保植检站、浙江省植物保护检疫局、浙江省农业科学院植物保护与微生物研究所、衢江区植物保护检疫站。

本标准起草人：徐南昌、张勇、姚晓明、贝雪芳、季卫东、颜贞龙、卢王印、徐法三、林加财、王晓东、徐红星、吴勇军、王颖、江建锋、郑利珍。

本标准为首次发布。

DB3308/T 051—2018

# 水稻病虫草害绿色防控技术规范

## 1 范围

本标准规定了水稻病虫草害绿色防控技术的术语、定义和技术措施。

本标准适用于衢州市区域内水稻病虫草害绿色防控。

## 2 规范性引用文件

下列文件对于本标准的应用是必不可少的。凡是注日期的引用文件，仅所注日期的版本适用于本标准。凡是不注日期的引用文件，其最新版本（包括所有的修改单）适用于本标准。

GB 4285 农药安全使用标准

GB 4404.1 粮食作物种子 禾谷类

GB/T 8321 农药合理使用准则

GB/T 15790 稻瘟病测报调查规范

GB/T 15791 稻纹枯病测报技术规范

GB/T 15792 水稻二化螟测报调查规范

GB/T 15793 稻纵卷叶螟测报技术规范

GB/T 15794 稻飞虱测报调查规范

NY/T 59 水稻二化螟防治标准

NY/T 5117 无公害食品水稻生产技术规程

## 3 术语和定义

下列术语和定义适用于本标准。

### 3.1

**绿色防控**

从农田生态系统整体出发，以农业防治为基础，积极保护利用自然天敌，营造不利于病虫草害的生存环境，提高农作物抗病虫能力，在必要时科学使用化学农药，将病虫草危害损失控制在允许的经济阈值以下。

### 3.2

**生态调控**

基于对农田生态系统的整体认识，遵循自然规律，充分发挥生态系统自身对病虫草害的调控功能，最大限度制约病虫草害的发生为害，实现对病虫草害的有效控制，有助于农业生产的可持续发展。

## 4 技术措施

### 4.1 健身栽培

#### 4.1.1 选用抗性品种

根据本地水稻主要病虫害及其发生特点，选用通过国家或地方审定并在当地示范成功的优质、高产、抗性好的水稻品种。种子质量应符合GB 4404.1的规定，品种合理布局定期轮换，保持品种抗性，降低病虫害的发生。

### 4.1.2 培育无病壮秧

#### 4.1.2.1 清除侵染源

及时清除病稻草，避免用病稻草作为催芽时的覆盖物或捆秧把，撒施生石灰、草木灰或喷洒代森铵等进行土壤消毒，减少侵染源，降低稻瘟病、白叶枯病等病害的发生。本田翻耕灌水耙田后，在水稻播种、移栽前，打捞浮在水面上的"浪渣"（菌核、草籽等），并带出田外烧毁或深埋，降低纹枯病和杂草的发生。

#### 4.1.2.2 种子处理

精选种子，去除草籽和空秕粒，采用药剂浸种或拌种的方式对种子进行消毒处理，预防恶苗病、干尖线虫病、白叶枯病、稻蓟马、稻飞虱及其传播的病毒病，降低水稻苗期病虫草害的发生。

#### 4.1.2.3 隔离育秧

采用防虫网育秧的方式，以 20~40 目防虫网或 15~20 g/m² 无纺布全程覆盖秧田，阻止二化螟、稻飞虱等在秧苗上聚集产卵为害和传毒。

### 4.1.3 秧苗带药下田

根据当地病虫发生种类，秧苗移栽前3~4 d，施用内吸性强的对口药剂，带药移栽，并合理掌握种植密度，预防稻瘟病、稻蓟马、二化螟、稻飞虱及其传播的病毒病，降低水稻前期病虫害发生，减轻后期防治压力。

### 4.1.4 肥水管理

#### 4.1.4.1 地力培肥

冬季种植紫云英等绿肥作物，加强田间管理，提高单位面积鲜草产量，翌年（3月下旬~4月初）翻耕灌水腐熟；施用经发酵腐熟的有机肥，增加土壤有机质，提升土壤肥力。

#### 4.1.4.2 配方施肥

在施用有机肥的基础上，化肥的使用遵循"控氮、增磷钾"原则。根据不同水稻品种、目标产量和地力水平，确定总施肥量和氮磷钾比例、用量，避免偏施氮肥，增施磷钾肥。结合水稻不同生育期的需肥规律，施足基肥，早施分蘖肥，巧施穗粒肥，促进水稻健壮生长，提高抗逆性。

#### 4.1.4.3 灌水杀蛹

在越冬代二化螟化蛹高峰期，对绿肥田、冬闲田及时统一翻耕、灌水沤田，灌深水浸没稻桩7~10 d，杀灭老熟幼虫和蛹，降低二化螟虫源基数。

#### 4.1.4.4 水浆管理

科学的水浆管理能促进水稻健壮生长，增强抗病虫能力，抑制纹枯病、稻飞虱、杂草等病虫草的发生。移栽返青期，实行寸水护苗、控虫、控草；分蘖期浅水勤灌，干湿交替促分蘖，够苗及时搁田，控制无效分蘖；孕穗至齐穗期保持浅水层；灌浆结实期间歇灌溉、干湿交替，忌过早断水。另外，白叶枯病、细条病发生区，避免漫灌、串灌，尤其台风暴雨过后应及时排涝，严防大水淹田，减轻病害扩散蔓延。

DB3308/T 051—2018

### 4.2 生态调控

#### 4.2.1 种植诱虫植物

稻区道路、田埂和沟渠边种植诱虫植物香根草、苏丹草，株间距3~5 m，诱集二化螟、大螟成虫产卵，减少二化螟和大螟的种群基数。

#### 4.2.2 保护害虫天敌

##### 4.2.2.1 种植显花植物

田埂种植芝麻、大豆、波斯菊、硫华菊等显花作物，确保水稻生育期有显花植物，为赤眼蜂、绒茧蜂、缨小蜂等害虫天敌提供蜜源和栖息场所，以促进天敌种群发展和提高天敌的控害能力。

##### 4.2.2.2 建立天敌庇护所

有条件的区域，在田畈中划定一定面积的休闲田或小池塘作安全岛，种花留草保护稻田生态系统的生物多样性，为蜘蛛、黑肩绿盲蝽、青蛙等害虫天敌提供栖境、替代寄主、食料和繁育场所，增加天敌的种群数量，维持天敌种群稳定增长。

#### 4.2.3 稻鸭（鱼）共生

在水稻移栽后15 d，将15~20 d的雏鸭放入稻田，每667 m²放鸭12~15 只，待水稻齐穗时收鸭。通过鸭子的取食活动，减轻纹枯病、福寿螺、稻纵卷叶螟、稻飞虱和杂草等病虫草的发生为害（或稻田开挖养鱼沟，一般在水稻插秧后7~10 d即秧苗返青后，投放适量鲤鱼、草鱼等鱼苗，每667 m²投放1000尾左右，待水稻开始黄熟时即可排水捕鱼。通过鱼的取食活动，减轻稻瘟病、稻飞虱、稻叶蝉和杂草等病虫草的发生为害）。

#### 4.2.4 释放寄生蜂

在具备良好稻田生态环境条件下，于二化螟、稻纵卷叶螟蛾始盛期释放稻螟赤眼蜂，每代视虫情放蜂2~3次，间隔3~5 d释放一次，每次释放10000头/667 m²，每667 m²均匀设置5~8个释放点，释放点间隔约为10~12 m。蜂卡挂放的高度，以分蘖期高于植株顶端5~20 cm、穗期低于植株顶端5~10 cm为宜。

### 4.3 理化诱控

#### 4.3.1 杀虫灯诱杀

按照棋盘式连片布局，每2~3 hm²安装一盏频振式杀虫灯，杀虫灯底部距离地面1.5 m，并根据病虫监测数据决定开灯与否。在害虫成虫盛发期，于日落后至翌日日出前开灯，诱杀二化螟、稻纵卷叶螟、稻飞虱等害虫。当虫害发生为害在经济阈值以下时，不提倡使用该项技术，以免对害虫天敌和非目标昆虫造成大量杀伤。

#### 4.3.2 性诱剂诱杀

根据当地虫情况监测情况，从二化螟越冬代、稻纵卷叶螟迁入代蛾始见期开始，集中大面积连片使用性诱剂诱杀雄性成虫。采用外密内疏的布局方法，在稻田四周田埂边放置诱捕器，平均每667 m²安装布置1个诱捕器，放置高度为诱捕器底部高于地面50~80 cm为宜。选用持效2个月以上的长效诱芯和干式飞蛾诱捕器，诱芯每隔60 d更换一次。

## 4.4 科学用药

### 4.4.1 病虫草情监测

根据病虫害测报调查技术规范（GB/T 15790、GB/T 15791、GB/T 15792、GB/T 15793、GB/T 15794等），开展稻田病虫害发生动态监测。每5 d调查一次，关键时期每3 d调查一次，对不同水稻品种、不同稻田类型进行病虫发生动态系统调查，详细记录每种病虫的发生、发育进程和为害程度，及时分析，做出预警。对稻田杂草发生动态及抗药性进行调查监测，及时掌握杂草发生动态，合理调整杂草防除策略和除草剂品种，实现精准施药。

### 4.4.2 防治指标

病害坚持预防为主，虫害坚持达标防治，草害坚持控前、控小、控早。主要病虫害的防治指标见附录A，结合水稻生育期、天气等因素，确定是否采取药剂应急防控措施。

### 4.4.3 生物农药防治

根据田间病虫害发生为害情况，参照防治指标，优先选用生物农药进行防控（附录B）。选用球孢白僵菌等防治稻飞虱、二化螟和稻纵卷叶螟；选用多抗霉素、井冈·蜡芽菌等防治稻瘟病、纹枯病和稻曲病。生物农药要按照农药标签或说明书规范使用，使用时间要比化学农药提前2~3 d。

### 4.4.4 化学农药防治

在非化学防治手段难以达到理想效果时，采取化学农药防治。针对水稻不同生育期的主要病虫害，重点抓好秧苗期、分蘖期、孕穗期和破口抽穗期这几个关键时期的药剂防治。针对不同类型稻田杂草，结合农艺措施，采取"封杀结合"的化学除草策略，合理选择对口除草剂控制草害发生。按照GB 4285、GB/T 8321规定，参照NY/T 5117要求，科学合理用药，严格控制施药量、安全间隔期和施药次数。选用高效、低毒、低残留农药（附录B），严禁使用禁限用农药（附录C），提倡合理轮换与混配使用不同作用机理的药剂，避免长期使用单一药剂，以延缓抗药性产生。施药后将农药瓶（袋）及时回收，集中妥善处置，禁止随意丢弃。

DB3308/T 051—2018

## 附录A

### （规范性附录）

### 水稻主要病虫害防治指标推荐表

| 防治对象 | 水稻生育期 | | |
|---|---|---|---|
| | 分蘖期 | 孕穗期 | 穗期 |
| 纹枯病 | 丛病率 15%~20% | 丛病率 20%~30% | |
| 稻瘟病 | 田间初见病斑或发病中心 | 视水稻品种、天气情况而定，注意提前预防穗颈瘟 | |
| 稻飞虱 | 1000 头/百丛 | 1000~1500 头/百丛 | 1500~2000 头/百丛 |
| 稻纵卷叶螟 | 束尖 150 个/百丛，1~3 龄幼虫 150 头/百丛 | 束尖 60 个/百丛，1~3 龄幼虫 60 头/百丛 | 1~3 龄幼虫 20 头/百丛 |
| 二化螟 | 枯鞘丛率 8%~10%，枯鞘株率 3% | 丛害率 1%，株害率 0.1%；重点防治上代亩平均残留虫量 500 头以上、当代螟卵孵盛期与水稻破口抽穗期相吻合的稻田 | |

DB3308/T 051—2018

附录B

（资料性附录）

水稻主要病虫草害防治药剂推荐表

| 防治对象 | 生物农药<br>每667m²用量 | 化学农药<br>每667 m²用量 | 施用方法 | 施药适期 |
|---|---|---|---|---|
| 恶苗病<br>干尖线虫病 | | 25%氰烯菌酯悬浮剂2000~3000倍药液；<br>或25%咪鲜胺乳油2000倍药液；<br>或18%咪鲜·杀螟丹悬浮剂800~1000倍液；或等量有效成分的其他剂型。 | 药剂浸种 | 播种前种子处理，浸种24~48 h。 |
| 白叶枯病<br>细条病 | 100亿芽孢/g枯草芽孢杆菌可湿性粉剂 50~60 g；或3%中生菌素水剂400~533 mL；或等量有效成分的其他剂型。 | 85%三氯异氰尿酸（强氯精）可溶性粉剂300~500 倍液；<br>或45%代森铵水剂 500 倍液；<br>或等量有效成分的其他剂型。 | 药剂浸种 | 播种前种子处理，浸种 24 h 后洗净再催芽播种。 |
| | | 20%噻唑锌悬浮剂 100~125 g；<br>或20%噻菌铜悬浮剂 125~160 g；<br>或20%噻森铜悬浮剂 100~125 g；<br>或45%代森铵水剂 50 mL；<br>或 50%氯溴异氰尿酸可溶性粉剂40~60 g；或 85% 三氯异氰尿酸可溶性粉剂30~40 g；<br>或等量有效成分的其他剂型。 | 喷雾 | 田间出现发病中心时，立即施药防治。老病区在台风、暴雨过后及时施药防治。一般连续施药两次，即发病初期施药一次，7~10 d 后再施药一次。 |
| 纹枯病 | 12%井冈·蜡芽菌水剂200~250 mL；<br>或1%申嗪菌素悬浮剂 70 mL；<br>或 10%多抗霉素可湿性粉剂 1000 倍液；<br>或等量有效成分的其他剂型。 | 24%噻呋酰胺悬浮剂 20~25 mL；<br>或75%肟菌·戊唑醇水分散粒剂10~15 g；<br>或25%苯醚甲环唑乳油 40 mL；<br>或32.5%苯甲·嘧菌酯悬浮剂 30 mL；<br>或10%己唑醇悬浮剂 40~50 mL；<br>或12.5%烯唑醇可湿性粉剂 20~25 g；<br>或等量有效成分的其他剂型。 | 喷雾 | 水稻封行时防治一次；当丛病率达10%，病情仍有扩展时，及时施药；当丛病率达20%时，再次防治。 |
| 稻瘟病 | 2%春雷霉素水剂 100 mL；或 1000 亿芽孢/g枯草芽孢杆菌可湿性粉剂20~30 g；或10%多抗霉素可湿性粉剂 1000 倍液；或等量有效成分的其他剂型。 | 75%三环唑水分散粒剂 30 g；<br>或75%肟菌·戊唑醇水分散粒剂15~20 g；<br>或40%稻瘟灵乳油 100 mL；<br>或等量有效成分的其他剂型。 | 喷雾 | 防治叶瘟，在田间初见病斑时施药；防治穗颈瘟，在孕穗末期和齐穗期各施药一次。老病区、感病品种要注意提前预防。 |
| 稻曲病 | 12.5%井冈·蜡芽菌水剂300 mL；<br>或等量有效成分的其他剂型。 | 30%苯甲·丙环唑乳油 15~20 mL；<br>或32.5%苯甲·嘧菌酯悬浮剂 30 mL；<br>或25%苯醚甲环唑乳油 40 mL；<br>或75%肟菌·戊唑醇水分散粒剂10~15 g；<br>或等量有效成分的其他剂型。 | 喷雾 | 在破口期前 7~10 d（10%水稻剑叶叶枕与倒二叶叶枕齐平时）施药。 |

DB3308/T 051—2018

| | | | | |
|---|---|---|---|---|
| 稻蓟马稻飞虱 | 50 亿孢子/g 球孢白僵菌悬浮剂 45~55 mL；或 5%多杀霉素悬浮剂 40~50 g；或等量有效成分的其他剂型。 | 60%吡虫啉悬浮种衣剂 120~240 g 或 30%噻虫嗪种子处理剂 100~300 g 或 35%丁硫克百威种子处理剂 900~1000 g 处理 100 kg 种子；或 45%马拉硫磷乳油 85~110 mL；或等量有效成分的其他剂型。 | 药剂拌种喷雾 | 播种前药剂拌种预防；田间发生为害时，于低龄若虫高峰期施药。 |
| 二化螟 | 16000 IU/mg 苏云金杆菌悬浮剂 150~180 g；或150 亿孢子/g 球孢白僵菌颗粒剂 500~600 g 制剂；或等量有效成分的其他剂型。 | 34%乙基多杀·甲氧虫悬浮剂25~30 mL；或20%氯虫苯甲酰胺悬浮剂10~15 mL；或10%阿维·甲虫肼悬浮剂40~50 mL；或6%阿维·氯苯酰悬浮剂40~50 mL；或240 g/L甲氧虫酰肼悬浮剂25 mL；或等量有效成分的其他剂型。 | 喷雾 | 卵孵高峰期至低龄幼虫高峰期施药。 |
| 稻纵卷叶螟 | 16000 IU/mg 苏云金杆菌悬浮剂 100~150 g；或 400 亿孢子/g 球孢白僵菌水分散粒剂 30~35 g 制剂；或 100 亿孢子/mL 短稳杆菌悬浮剂 80~100 mL；或等量有效成分的其他剂型。 | 34%乙基多杀·甲氧虫悬浮剂25~30 mL；或20%氯虫苯甲酰胺悬浮剂10~15 mL；或10%阿维·甲虫肼悬浮剂40~50 mL；或6%阿维·氯苯酰悬浮剂 45~50 mL；或 20%抑食肼可湿性粉剂 50~100 g；或 22%氰氟虫腙悬浮剂 30 mL；或 30%茚虫威水分散粒剂 8 g；或等量有效成分的其他剂型。 | 喷雾 | 卵孵始盛期至低龄幼虫高峰期施药。 |
| 白背飞虱褐飞虱 | 80 亿孢子/g 金龟子绿僵菌 CQMa421 可湿性粉剂 60~90 g 制剂；或 50 亿孢子/g 球孢白僵菌悬浮剂 27~40 mg；或等量有效成分的其他剂型。 | 50%吡蚜酮水分散粒剂 10~15 g；或 20%烯啶虫胺水剂 20~30 mL；或 80%烯啶·吡蚜酮水分散粒剂 10 g；或 30%醚菊酯悬浮剂 60~80 mL；或 20%呋虫胺可溶粒剂 30~50 g；或 20%异丙威乳油 200 mL；或等量有效成分的其他剂型。 | 喷雾 | 低龄若虫高峰期施药。 |
| 福寿螺 | 茶粕 10~15 kg 拌细沙土 15 kg 撒施；或等量有效成分的其他剂型。 | 70%杀螺胺可湿性粉剂 30~40 g；或 70%杀螺胺乙醇胺盐可湿性粉剂 30~45 g；或 6%四聚乙醛颗粒剂 400~544 g；或等量有效成分的其他剂型。 | 撒施喷雾 | 螺盛发期施药，第一次施药后，隔10 d再施药一次。 |
| 稻田杂草 | | 40%苄嘧·丙草胺可湿性粉剂 30~40 g；或 25 g/L 五氟磺草胺可分散油悬浮剂 40~80 mL；或 10%氰氟草酯水乳剂 60~75 g；或 20%苄·乙可湿性粉剂 28~39.3 g；或 10%噁唑酰草胺乳油 70~80 mL；或等量有效成分的其他剂型。 | 喷雾毒土 | 播种前或播种（移栽）后5~10 d，杂草3叶期前施药。 |

附录C

（资料性附录）
禁止使用的农药名单

　　六六六、滴滴涕、毒杀芬、二溴氯丙烷、杀虫脒、二溴乙烷、除草醚、艾氏剂、狄氏剂、汞制剂、砷类、铅类、敌枯双、氟乙酰胺、甘氟、毒鼠强、氟乙酸钠、毒鼠硅、甲胺磷、甲基对硫磷、对硫磷、久效磷、磷胺、苯线磷、地虫硫磷、甲基硫环磷、磷化钙、磷化镁、磷化锌、硫线磷、蝇毒磷、治螟磷、特丁硫磷、福美胂、福美甲胂、氟虫腈、三氯杀螨醇、氟苯虫酰胺、氯磺隆、胺苯磺隆、甲磺隆、百草枯（水剂）等高（剧）毒、高残留农药。

DB3308/T 051—2018

附录D

（资料性附录）

水稻病虫草害绿色防控技术模式图

| 水稻生育期 | | 种子秧苗期 | 返青分蘖期 | 拔节孕穗期 | 破口抽穗期 | 灌浆结实期 |
|---|---|---|---|---|---|---|
| | | | | | | |
| 主要病虫害 | | 恶苗病、干尖线虫病、稻蓟马、二化螟、白背飞虱、灰飞虱 | 叶瘟、南方黑条矮缩病、二化螟、白背飞虱、福寿螺 | 纹枯病、稻瘟病、二化螟、稻纵卷叶螟、白背飞虱 | 稻曲病、穗颈瘟、纹枯病、白叶枯病、褐飞虱、白背飞虱、二化螟、稻纵卷叶螟 | 稻曲病、穗颈瘟、纹枯病、二化螟、褐飞虱 |
| | | | | | | |
| | | 恶苗病　干尖线虫病　南方黑条矮缩病　纹枯病　细条病　白叶枯病　稻瘟病　稻曲病 | | | | |
| | | 稻蓟马　二化螟　稻纵卷叶螟　白背飞虱　灰飞虱　褐飞虱　福寿螺 | | | | |
| 绿色防控主要措施 | 健身栽培 | | | | | |
| | | 培植绿肥　选用抗性品种　药剂拌种　隔离育秧　灌水杀蛹　肥水管理 | | | | |
| | 生态调控 | | | | | |
| | | 种植诱虫植物　种植显花植物　田埂留草　稻鱼共养　稻鸭共育　释放赤眼蜂 | | | | |
| | 理化诱控 | | | | | |
| | 科学用药 | 杀虫灯诱杀　性诱剂诱杀　病虫监测　田间调查　选用绿色农药　适时施药 | | | | |
| 技术要点 | | 1. 冬闲田、绿肥田翻耕，集中连片灌水杀蛹；2. 选用抗性品种；3. 对种子、秧苗药剂消毒处理；4. 加强秧田药剂保护和肥水管理，培育无病壮秧；5. 移栽前3 d左右，喷施"送嫁药"，预防大田早期病虫害 | 1. 加强肥水管理，适时搁田，控制无效分蘖；2. 做好叶瘟、二化螟等前期病虫害的预防，田间布置性诱器；3. 有条件的，稻田放养鸭（鱼），与水稻互利共生；4. 害虫成虫盛发期，夜间开杀虫灯诱杀 | 1. 田间郁闭度增高，病虫害上升快，加强病虫监测；2. 重点抓好孕穗期（水稻倒三叶抽生期）纹枯病、稻纵卷叶螟、稻飞虱防治；3. 提倡种花留草，保育天敌；4. 若条件适宜，可释放赤眼蜂等天敌控害 | 1. 水稻处于病虫害敏感期和多发期，加强病虫监测；2. 抓好破口前7~10 d关键期，重点防治稻曲病、穗颈瘟、白叶枯病、稻飞虱、二化螟、稻纵卷叶螟，做到一次施药兼治多种病虫；3. 水稻齐穗时，赶鸭出田 | 1. 重点关注褐飞虱为害，对田间虫口偏高以及前期失治漏治田施药防治。2. 田间保持干湿交替，切忌过早断水影响产量；3. 稻鱼田，待水稻开始黄熟时，即可排水捕鱼 |